服装制作入门手册

侯宣亦　编著

河南科学技术出版社
·郑州·

图书在版编目（CIP）数据

服装制作入门手册/侯宣亦编著.—郑州：河南科学技术出版社，2015.10（2017.8重印）
ISBN 978-7-5349-7773-2

Ⅰ.①服… Ⅱ.①侯… Ⅲ.①服装-生产工艺 Ⅳ.①TS941.6

中国版本图书馆CIP数据核字（2015）第083759号

出版发行：河南科学技术出版社
地址：郑州市经五路66号 邮编：450002
电话：（0371）65737028 65788613
网址：www.hnstp.cn
策划编辑：李 洁
责任编辑：杨 莉
责任校对：张小玲
封面设计：张 伟
责任印制：张艳芳
印 刷：河南瑞之光印刷股份有限公司
经 销：全国新华书店
幅面尺寸：190 mm × 260 mm 印张：6.5 字数：120 千字
版 次：2015年10月第1版 2017年8月第3次印刷
定 价：35.00元

目 录

作者的话

近年来，由于海外服装制造的生产成本已趋于台湾的水平，因此很多厂商已渐渐回到台湾。然而在目前的教育体制下，职业技术教育方面较为薄弱，且大学教育又偏向创意设计而非技能操作的课程，使得台湾的服装技术人才处于断层的状况，服装产业面临空有职位却无人能胜任的窘境。故编写本书期望能稍稍弥补这样的缺憾。让想学服装技艺者，能凭借此书，轻松学习到服装制作的技能。

本书的每一件衣服均按制作步骤配予图文，并解说了操作要点，使学习者有现场感，进而增进学习的功效。而实物制作是采取高级女装缝制与业界缝制惯例相融合的方法，使学习者能学习到较精致的服装制作技巧，又能顺应产业的需求，使作品更能增加经济效益。

衷心希望所有学习服装制作和以成为服装专业人士为目标的人，能够借此书学习到专业的知识与技能，并提高自己的专业能力。

服装构成与制作基本概要

一、布料种类与特性

二、常用布料及适用款式

三、版型制图

四、缝制工具与程序

服装构成与制作的环节相当多，例如布料种类与特性、常用布料及适用款式、版型制图、缝制工具与程序等，兹分述如下：

一、布料种类与特性

就服装缝制而言，布料的风格与特性是重要的影响因素之一。所谓布料风格与特性是指因纤维性质、纱线的粗细、捻纱线与织布方法等的不同，所产生的布料不同的手感与观感等。在此针对初学者必须了解的一些基本概念说明如下：

（一）服装主料

◆自然纤维

取自植物的种子、茎叶，动物的毛、蚕丝等所制成的纤维。自然纤维燃烧时，其灰烬皆能成碎末粉状。自然纤维又可分为植物纤维与动物纤维。

■植物纤维

自植物茎皮、叶脉、种子中取得的纤维素材料，可以加工成纺织或编织材料，燃烧时会产生如烧纸张般的味道。

• **棉**：棉纤维（cotton）布易缩水，主要和植物纤维本身的亲水性有关。优点是质软、耐洗、吸水性佳。吸水后的强度比干燥时强，吸水率达 85%，故能有效吸收人体汗液。且导热性佳，所以大多数内衣及 T 恤衫都由纯棉布料制成，但缺点是弹力较差，容易拉断。

• **麻**：麻纤维（linen fibre）取自植物茎部的韧皮纤维和叶纤维。质地比较柔软、耐水性好，是最常用的纺织材料之一；有特殊的光泽，触摸时手感较凉，适合做夏季的服装。缺点是容易起皱，手感有些硬，水洗后易收缩且不易熨烫。

■ 动物纤维

取自动物的毛或蚕丝的纺织材料。因聚合的主成分是蛋白质，所以燃烧时会产生如燃烧头发的焦味。

• **丝**：丝纤维（silk fibre）是天然纤维中最细长、最强韧的纤维。质地柔软而富有光泽，表面光滑，手触摸时有清凉感。蚕丝是真丝布料的主要纤维材料，用丝制成的布料在冬天穿上时也不会感到寒冷，且质感非常柔软、顺滑并富有弹性 。

• **羊毛**：羊毛纤维（wool fibre）是天然纤维中较能保温的一种，其纤维组织松软、拉力较弱，且不富光泽，但纤维间可保存身体散发的热气，所以有保暖作用。羊毛织物较易缩水，而且缩水后很难再复原，所以可选用干洗处理。如要水洗的话，则应选用有防缩水作用的丝毛洗涤剂或羊毛织物专用洗涤剂。

◆ 人造纤维

人造纤维是由化学品制造出来的，主要包括聚酯纤维、聚酰胺纤维、聚丙烯纤维等。

■ 聚酯纤维

聚酯纤维 (polyester fibre) 是从石油中提炼出来的人造纤维。纤维表面比尼龙光泽度小，但质地硬挺、不易起皱，其制成的衣服易整理，有人称它为免浆熨布。很多男士都爱穿有涤纶成分的 T/C 布 (65% 棉，35% 聚酯）衬衣，这种聚酯纤维和棉的混纺布料，不易起皱，即使没有整熨，也有良好的顺直效果，而布的质感接近棉，很舒适，但手感稍硬，透气效果不及全棉。很多制服就是用它来生产。这种材料优点是强韧、缩水率低，容易清洗，不易受清洁剂损伤且易干，由湿变干后会由卷曲状态逐渐回弹。定型后，不易变形（如百褶裙），也不易起皱、发霉或磨损。燃烧残留物有颗粒状、灰末状、橡胶状，并有刺鼻味道。

■ 聚酰胺纤维

聚酰胺纤维 (polyamide fiber) 俗称耐纶，也称尼龙 (nylon)。它具有强度高、弹性好、可染、耐腐蚀、耐虫蛀等优良性能，耐磨性能优于其他合成纤维。聚酰胺纤维可以和棉、羊毛及其他纺织纤维混纺，以提高产品的强度和耐磨度，能制成轻薄且结实的产品，如尼龙塔夫绸，可做滑雪衫、羽绒服、箱子、袋子及伞的面料。聚酰胺纤维在袜子的选材制作中居于优势地位。缺点是水洗时较易褪色或被污染。

■ 聚丙烯纤维

在各种纤维中，聚丙烯纤维质地最轻，不易弄脏。聚丙烯纤维不吸湿、不吸水，不受细菌影响，适用于制作手术用缝合线与食品加工滤材等，必要时亦可添加抗菌药剂，以强化其抗菌性。热传导系数低于羊毛，故保温作用甚佳，常被用作羊毛的代替品，价格比羊毛便宜，具有良好的手感，亲肤性极佳。

◆ 再生纤维

再生纤维是具有与天然纤维素和蛋白质相同的化学成分的人造纤维，又可分为再生纤维素纤维和再生蛋白质纤维两类。再生纤维素的化学成分和性能与棉纤维相仿，吸湿性比棉纤维高。再生纤维常见的有人造丝。人造丝制造的纺织品可以用来模仿丝绸、羊毛、棉布与亚麻布等。容易染色，质地轻柔、光滑、凉爽，吸收好，但不隔热，适用于高温高湿度的环境。衣物适合干洗或以冷水洗涤，不可用力拧或高温熨烫。 缺点是不耐放（特别是潮湿的环境中）。

（二）副料

服装除主料外，还有里布、衬布、扣子、拉链和垫肩等副料。

◆ 里布

里布可增加服装的耐用度，且具有保暖和方便穿脱的作用。

■ 里布种类

有丝绸、尼龙、人造丝、纯棉与混纺等。

■纺织方式

有平织、斜织与针织等。

■选择方法

材质与表布要配合，颜色要与表布同色系。

■处理的方式

布纹要调整，布面要熨平，布边若有卷起现象，则应该斜向剪口或剪去布边。

◆衬布

目前在服装上大都使用黏合衬。下面介绍使用衬布时应注意的事项。

■衬的选择

应先以碎布试验，找到适合的温度、压力、时间、黏着后的软硬感，并了解渗污、变色及收缩的情况后，再正式使用。尤其薄布料，应选择薄衬，且不可渗胶或透色。

■裁剪法

无论平织衬还是针织衬，皆应与表布的纹路相配合，不织布也应尽量配合表布布纹裁剪。

■缝份留法

一般在表面不压装饰线时，用虚版。有装饰线时，可裁实版。

■贴衬法

贴衬的条件有温度、压力、时间等。贴衬时要采用压烫的方式，烫垫一定要平整，以防止收缩或胶粘不均，造成衬布表面不整齐，导致洗衣时衬布脱落。

◆扣子

扣子在服装上起扣合、固定作用，另有装饰作用，但需要以整体的平衡效果来选择扣子。按材质分有树脂扣、木扣、皮扣、玻璃扣、金属扣、包扣与牛角扣等。按形状分有两孔扣、四孔扣，还有平扣、立扣、绳索固定扣、搭扣（如按扣和盘扣）、四合扣与五爪钉扣等。

◆拉链

拉链齿的材质有金属与树脂两种，拉链布的材料有尼龙、纯棉与混纺棉。形态有双开头拉链、单开头拉链、闭口拉链、隐形拉链与双面可拉的拉链等。

◆肩垫

常常用于美化肩部形态，塑造肩部线条。肩垫的材质有树脂棉、尼龙与弹力棉等。按形状分有半月形和连袖用的椭圆形。

二、常用布料及适用款式

（一）棉麻

吸汗效果好，肌肤触感好，透气佳，穿着时有清爽感，用于制作春夏的衬衫、裙子与裤子。

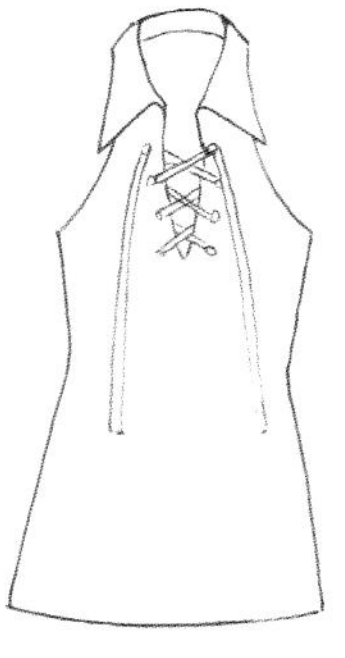

•露背上衣

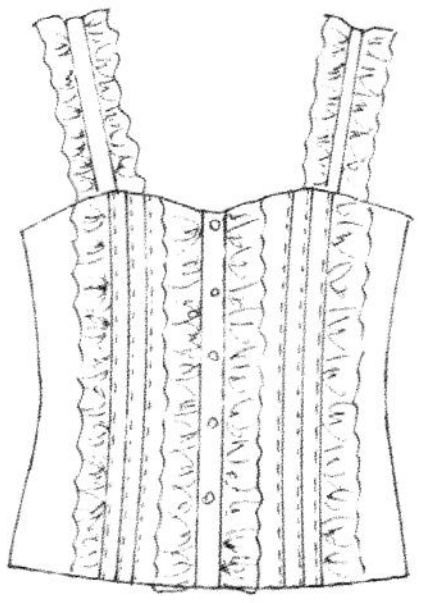

•棉质吊带背心

•小圆领上衣

•棉质碎花连衣裙

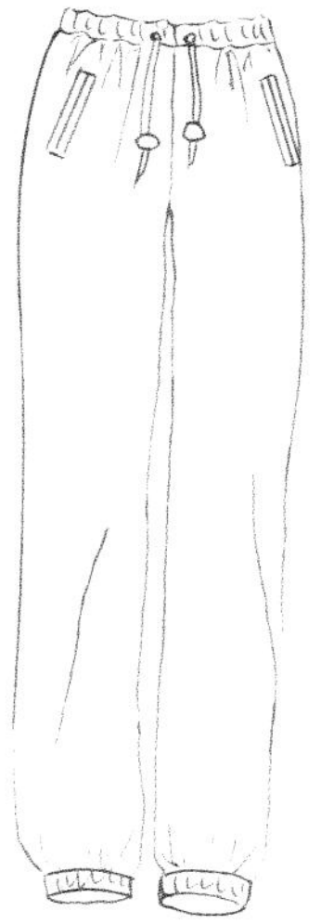

•棉质宽松裤

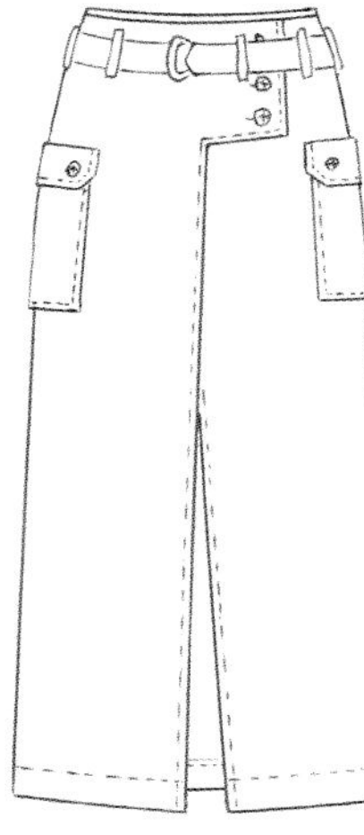

•牛仔长裙

(二) 丝

具有美丽光泽和柔软手感的真丝，具有高贵、优雅的风格，适合制作高档女装。

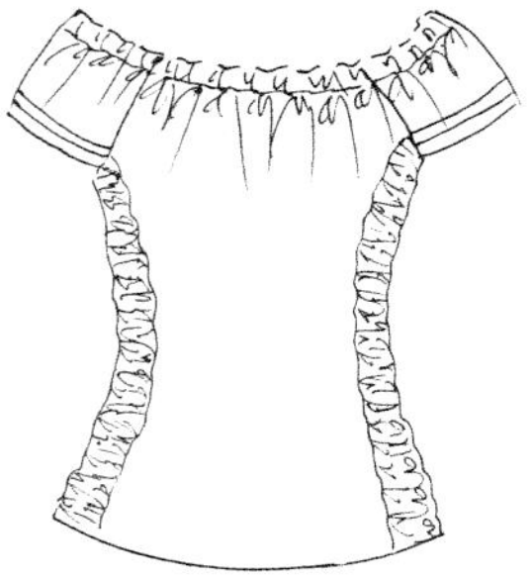

•抽褶上衣

•丝质礼服

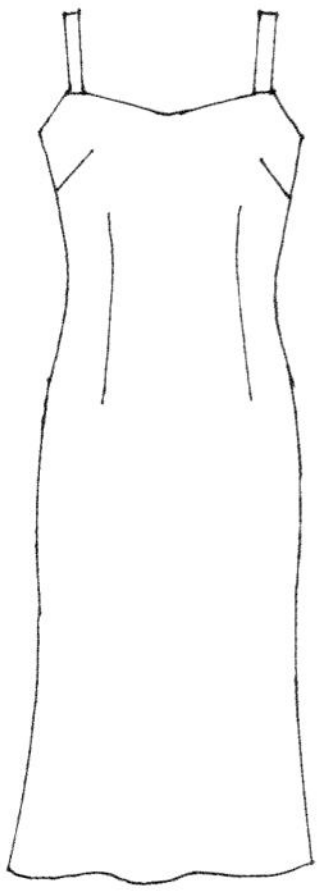

•吊带连衣裙

•波浪小礼服

•连衣裙

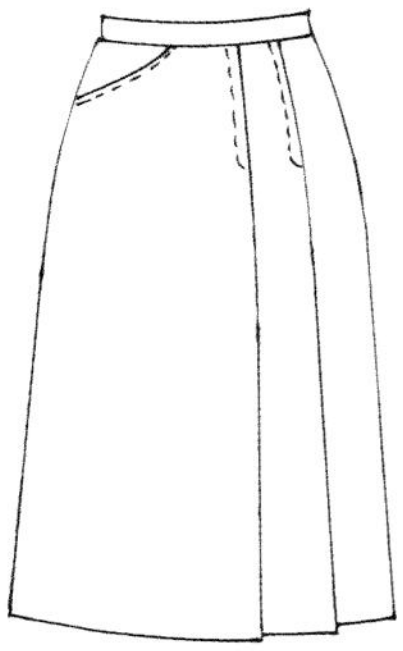

•褶裙

（三）羊毛

毛料保暖，不易皱，且不易浸水，是防寒的理想布料。轻质毛料非常柔软，适合制作淑女装。而中厚的毛料则可用来制作帅气的女装。也可用起绒起毛、组织紧密、保暖性能优的毛料来制作轻便时尚的御寒大衣，达到实用与美观的功效。

•短大衣

•套装

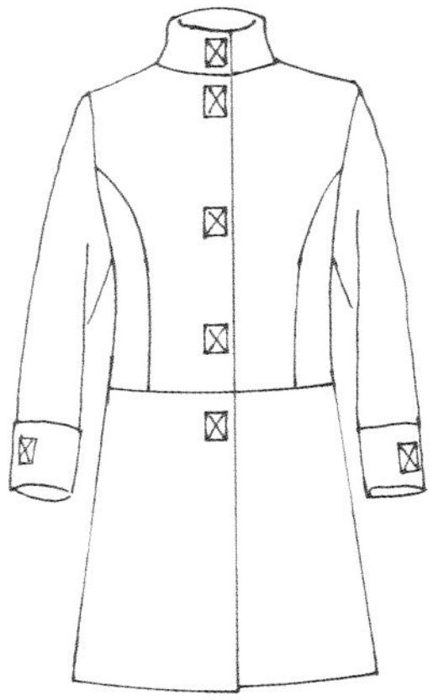

•大衣

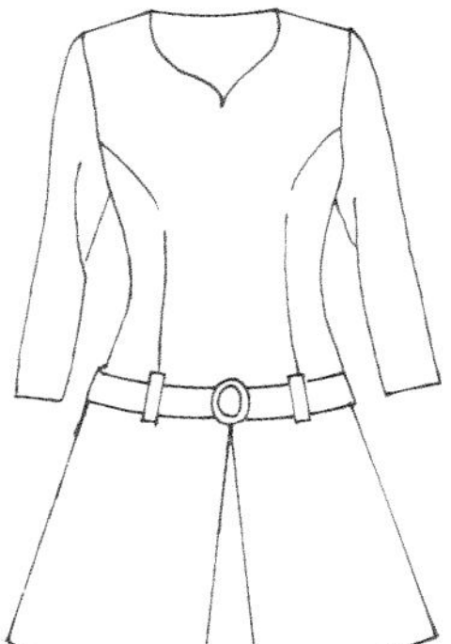

•连衣裙

•外套

(四)人造纤维

合成的纤维经过加工纺织，可具有真丝般的美丽光泽和柔软手感。以细纱平纹织成薄透的织物，也可用强捻细纱织成轻而柔软或有褶皱的布料，这样的布料用来制作表现女性温柔与亮丽的洋装或礼服最为恰当。也可以将织成的平纹面料进行特殊的加工，用作羽绒服或挡风外套的布料，或用来制作带有特殊功能的衣服，如速干衣、发热衣等。

•小礼服

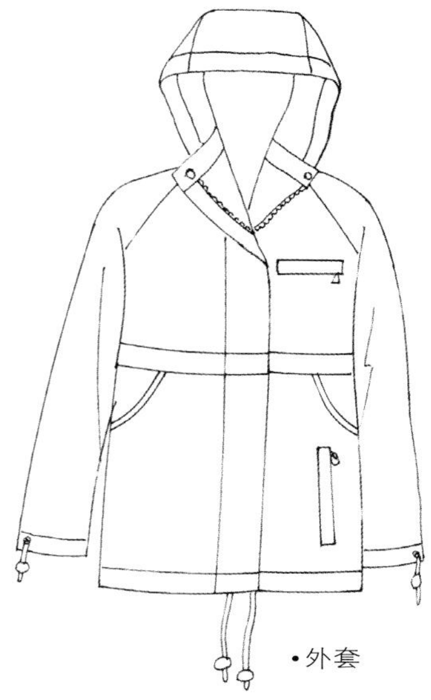

•外套

•风衣

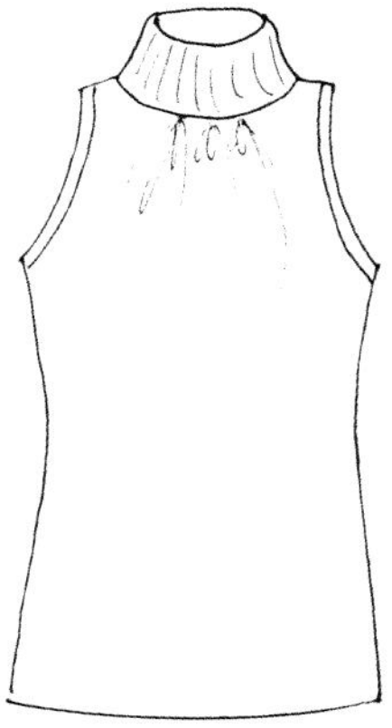

•针织衫

• 伞状上衣

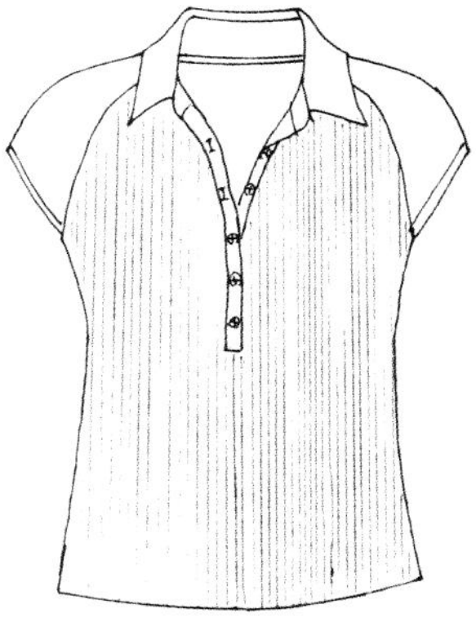

•螺纹 T 恤

•羽绒服

•螺旋裙

三、版型制图

版型制图是服装制作中最重要的一环，从制图前的量身，身体各部位名称和常用尺寸，到版型的种类、制图符号，以及原型都必须一一了解，如此才能制作出合身的服装。

(一) 制图前的准备

制图前除了必须精确地量身外，还要对常用尺寸以及身体各部位名称与英文简称有所了解。

◆ 量身前的注意事项

正确的量身是制图的根本，所以量身前必须注意如下事项：

■ 量身者的准备

量身者要站在被量者的斜前方或后方，才能准确观察并测量被量者体型特征，并准确测量相应部位。

■ 被量者的准备

被量者须穿紧身衣或衬衣裙。此外，胸罩、鞋子等服装配件也可以作为参考。

■量身前先做好测量点的记号

若服装是对称型的，则以右半身为基准来测量。

◆量身基准点

■颈围前中心点（FNP）

在前中心线上，左右锁骨间的中央部位，颈项根部上方稍有凹陷的地方。

■侧颈点（SNP）

在颈围线上，从侧面看时颈项根部宽度的中央稍靠后侧的位置，也是决定肩线的基点。

■肩点（SP）

是衣袖缝合时袖山点的位置，因此也成为测量肩宽或袖长的基准点。

■颈围后中心点（BNP）

将头部前倾，后颈隆起的凸出点（第七颈椎点）即是，是测量背长、衣长等的基准点。

■手腕点

在小指侧的手腕处凸点，是测量袖长、肩袖长的基准点。

■外踝点

腓骨（小腿肚）最下端的踝骨处，位置比内踝点低，是测量裤长的基准点。

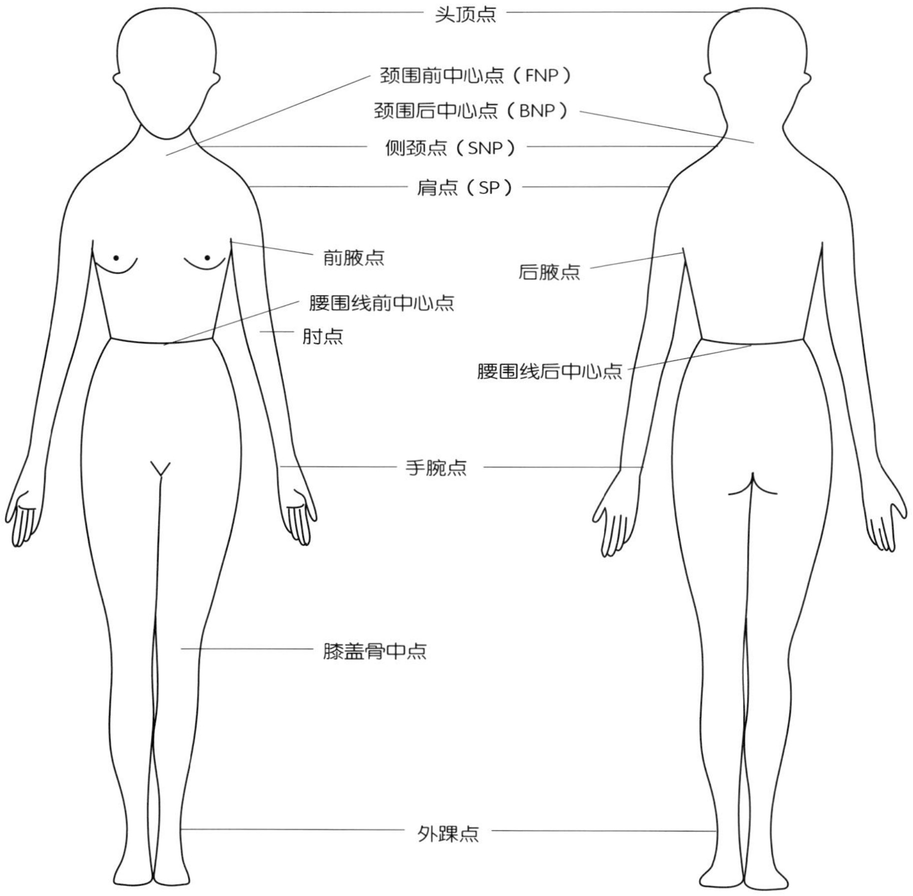

• 量身基准点

此外，乳尖点（BP）、前腋点、后腋点也是测量的基准点。

◆量身

常用的各部位量身位置。

■头围

自额头经过耳上，经过头部后面最突出处轻绕一圈的尺寸。

■乳间宽

左右乳尖点之间的距离。

■胸宽

胸部左右前腋点之间的尺寸。

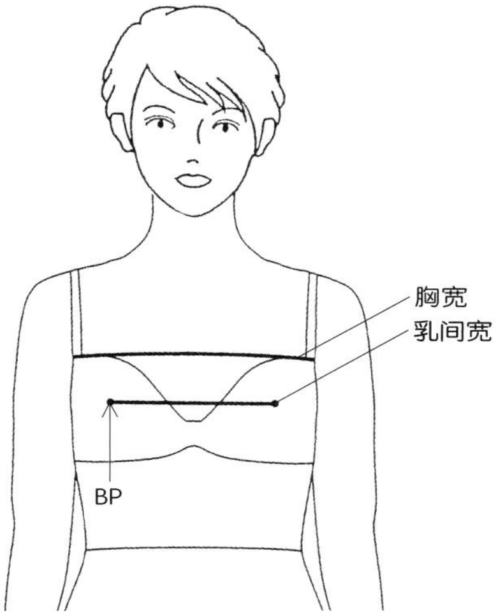

■胸围

用卷尺经过乳尖点，水平环绕量胸部一周的尺寸，不可束紧测量。

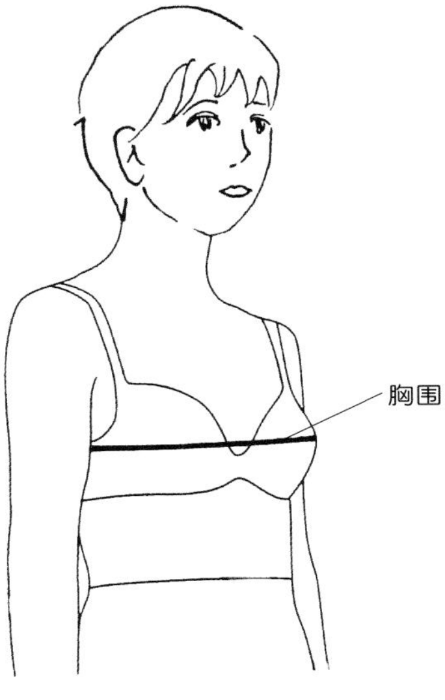

■乳下长

自侧颈点量至乳尖点的长度。

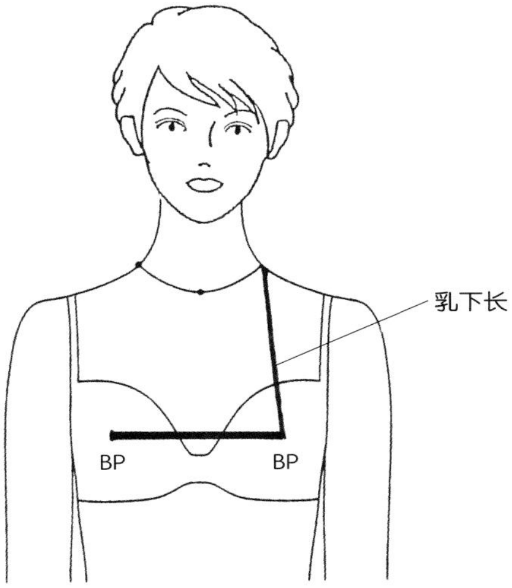

■颈围

将卷尺绕过颈围前中心点 (FNP)、侧颈点 (SNP) 至颈围后中心点 (BNP)，再到颈围前中心点测量出的尺寸（前中心点→侧颈点→后中心点→侧颈点→前中心点）。

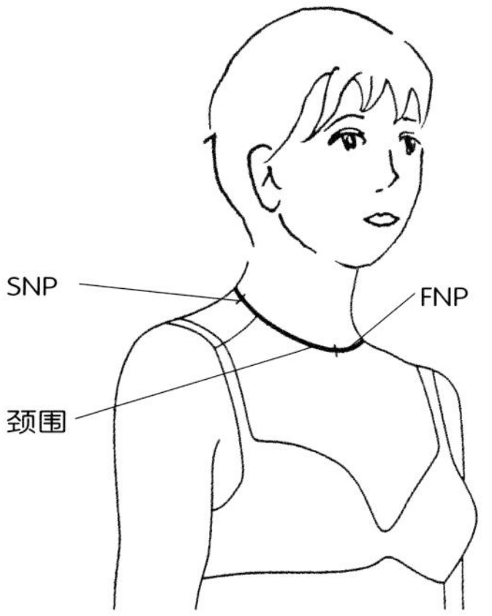

■上臂围

在上臂最粗的地方水平环绕一圈的尺寸，手臂粗的人更需要测量此尺寸。

■肘围

如图弯曲手肘，经过肘点测量一圈的距离，是制作窄袖必量的尺寸。

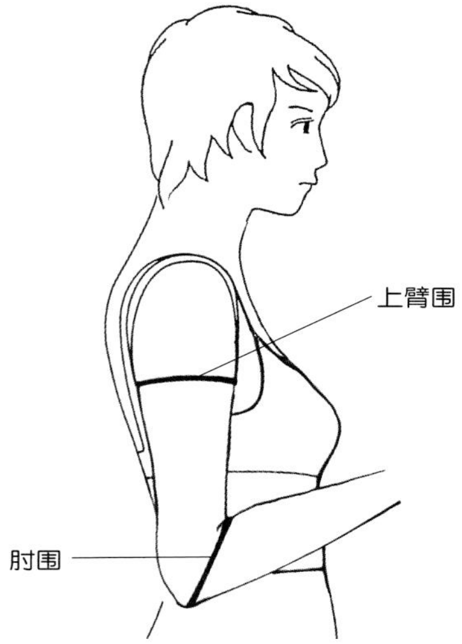

■背长

自颈围后中心点 (BNP) 量到后腰围线中央的尺寸，要量松一点。

■后身长

自侧颈点 (SNP) 经过肩胛骨量至腰围线 (WL) 的尺寸。

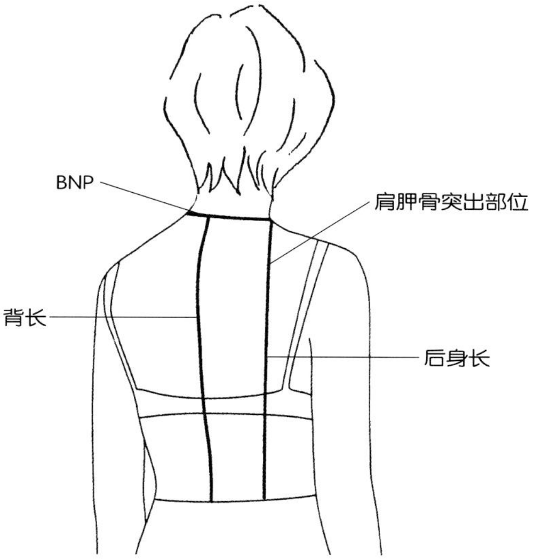

■背宽

量背部左右后腋点之间的尺寸。

■肩宽

左右肩点 (SP) 之间的宽度，量时必须经过颈围后中心点。

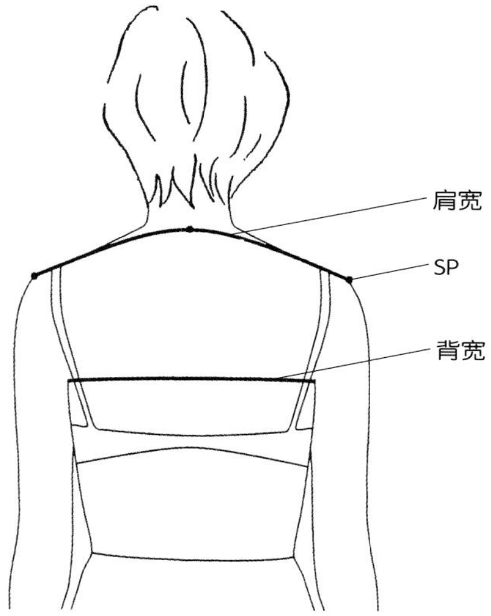

■前身长

自侧颈点 (SNP) 经过乳尖点 (BP) 到腰围线 (WL) 的尺寸。

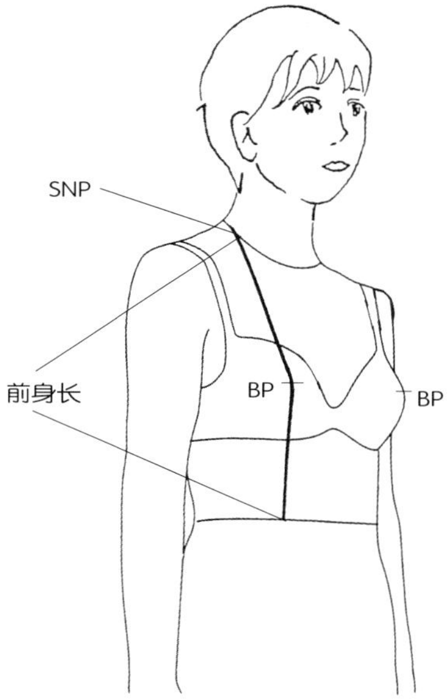

■手臂根部围

由肩点绕到前腋点到腋下，经过后腋点，再回到肩点，即手臂根部一圈的尺寸。

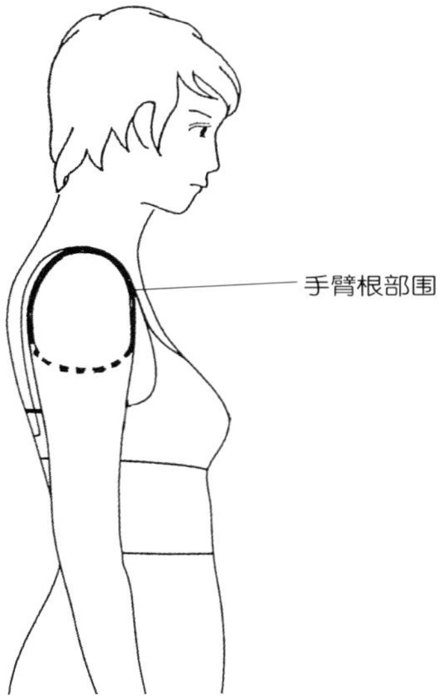

■腰围

环绕腰线一圈测量出的尺寸，也就是人体躯干最细的地方水平测量一圈。

■中腰围

在腰围线与臀围线中间的位置(低于腰围 8~10cm 处)，水平环绕测量一圈的尺寸。

■臀围

经过臀部最凸出点水平环绕测量一圈，量出臀部最粗之处，即为臀围尺寸。

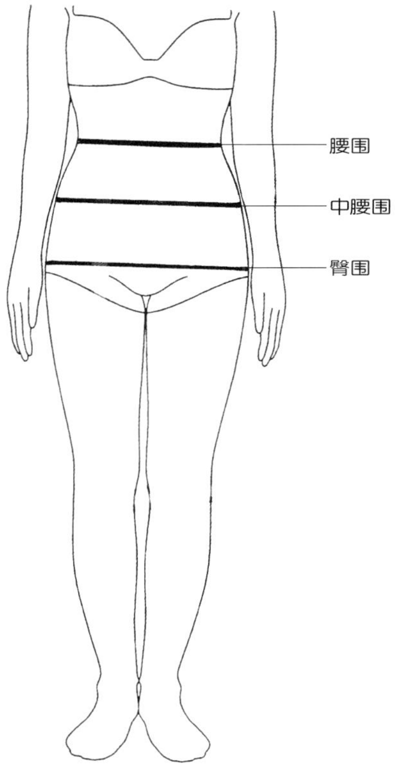

■袖长

袖长则是手臂自然垂下，由肩点经肘点量至手腕点的尺寸。

■肘长

手肘微弯，由肩点量至肘点的尺寸。

■股上长

由腰围水平线量到会阴点水平线之间的长度。

■腰长

自腰围线至臀围线间的长度，必须在胁边的位置上测量 (17~20cm)。

■膝长

由腰围水平线量到前膝盖骨中点的尺寸。

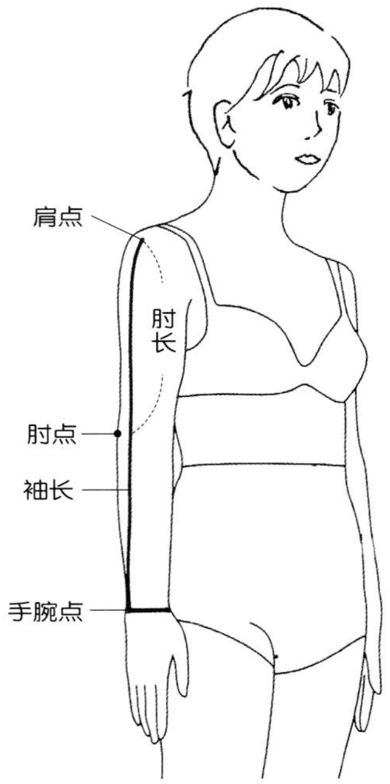

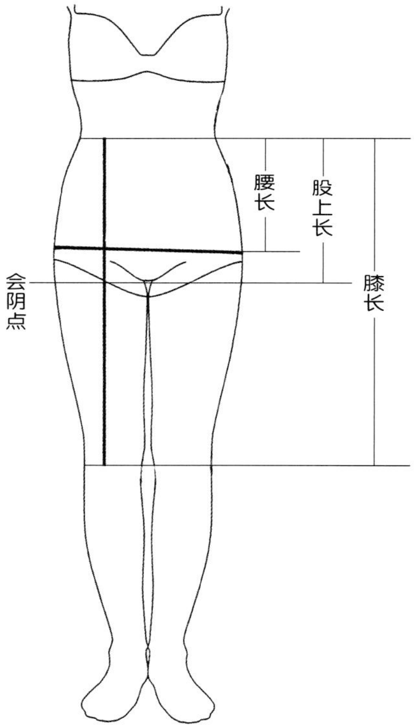

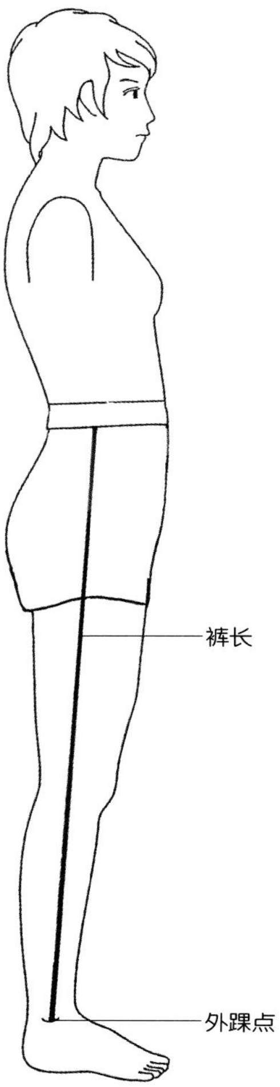

■裤长

自侧面的腰围线经过侧膝围处量至脚的外踝点的长度。

■裙长

由腰围线垂直到裙下摆的尺寸。

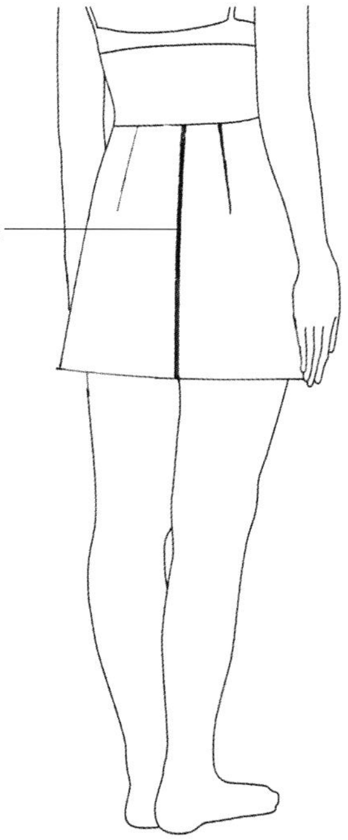

◆常用女装版型尺寸与对应名称

■常用参考尺寸

单位：厘米（cm）

型号 / 各部位名称	S	M	L
胸围	78	84	88
腰围	62	65	68
臀围	89	91	94
颈围	35	36	38
乳间宽	16	17	18
乳下长	23.5	24.5	26
前肩斜	21.7°	22.5°	24°
前身长	40	41.5	42.5
胸宽	33	34	35
背长	37.5	38.5	39.5
肩宽	38	39	40
背宽	34	35	36
袖长	50	52	54
肘长	29	31	32
臂围	24	26	28
腰长	18	19	20
股上长	25	26	28
胸褶	3	3.5	4

■版型各部位名称与英文简称

缩写记号	英文	中文	缩写记号	英文	中文
B	Bust	胸围	EL	Elbow Line	肘线
UB	Under Bust	乳下围	KL	Knee Line	膝盖线
W	Waist	腰围	BP	Bust Point	乳尖点
H	Hip	臀围	SNP	Side Neck Point	侧颈点
MH	Middle Hip	中腰围	FNP	Front Neck Point	颈围前中心点
BL	Bust Line	胸围线	BNP	Back Neck Point	颈围后中心点
WL	Waist Line	腰围线	SP	Shoulder Point	肩点
HL	Hip Line	臀围线	AH	Arm Hole	袖窿
MHL	Middle Hip Line	中腰围线	HS	Head Size	头围

(二)制图

◆版型种类

版型制作可分为纸上制版、立裁制版和电脑制版。

■纸上制版

是依所量的各部位尺寸去制版，能以平面制图方式，制出合乎人体形态的服装版型。因此，制版者须具有较高的平面制版技巧。

■立裁制版

将布料直接放置于人体（或人台）上，依照设计稿，直接在人体上取版。因此，立裁制版操作者须掌握用各种布料在人体上取版的操作技巧。

■电脑制版

人工制版是用尺子和铅笔等工具，将版型绘制在图纸上；而电脑制版是将绘图方式编成程序，输进电脑，用鼠标代替尺子和笔，将版型绘制于电脑中，再用大型打印机输出版型。就单件制版而言，手工与电脑制版的时间相近，但如果要放大或缩小尺寸，或是修改版型时，电脑的制版速度更快，这是电脑制版的优势。但会使用电脑制版的软件，未必会制版，学会制版原理与技术才是关键。目前市面上常用的服装电脑制版系统有：中国台湾的度卡(DOCAD)、法国的力克(LECTRA)、美国的嘉宝(GERBER)与日本的裕辉。

◆制图符号

制图符号	符号解释
	制图引导线（线条较细，参阅后面的原型制图）
	制图引导线（版型折双处使用，参考后面的原型制图）
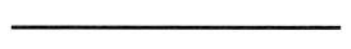	制图完成线（线条较粗，参考后面的原型制图）
	制图完成线（线条较粗，参考后面的原型制图）
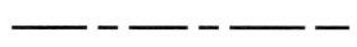	贴边线
	车缝装饰线的位置
	等分记号。此类记号还有○、⦰、△、⍋
	直布纹方向
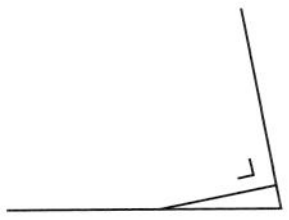	直角记号。常用于裙胁边下摆或衣服胁边下摆
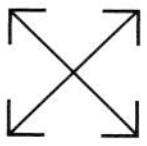 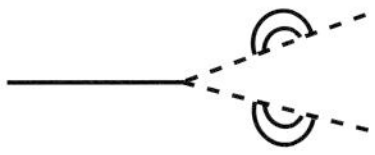	斜布纹的记号，常用于滚边布 折叠后剪开的记号（参考裙子制图）
	伸烫记号
	缩烫记号
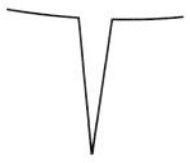	打褶、缝褶记号
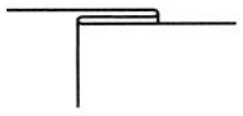 (A) 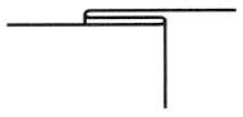 (B) 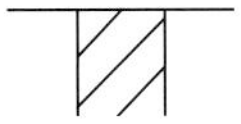 (A’)  (B’)	(A)(B) 是车缝时打褶的方法 (A’)(B’) 是活褶记号，从斜线的高处往低处折
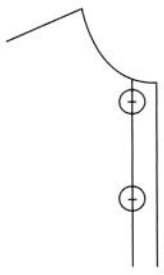	扣子的位置

制图符号	符号解释
×	表示乳尖点 (BP)
	表示左右线交叉的符号
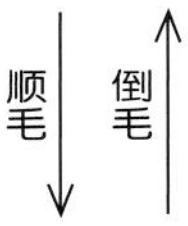	带毛布料上表示绒毛的方向
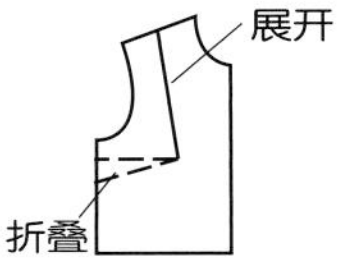	表示展开或折叠
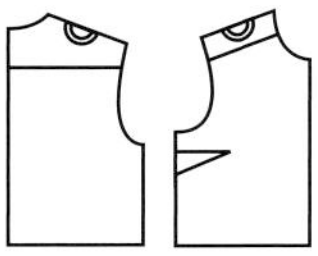	表示裁布时样版拼合裁剪的符号
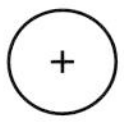	表示扣子位置
	表示扣眼位置

◆原型制图

原型是各种服装款式实际应用之前未加以变化的基本形式或形态，是最简单的服装形态，也是平面裁剪中所使用的基本纸样。原型的设定主要是依据人体胸围、背长、肩宽、前身长、乳下长、乳间宽与胸褶等基本尺寸，再加少许的宽松份所制成，是几乎与人体贴合的基本版型。因此，原型是服装平面制版的基础，更是各式服装变化的基本依据。

■上衣原型

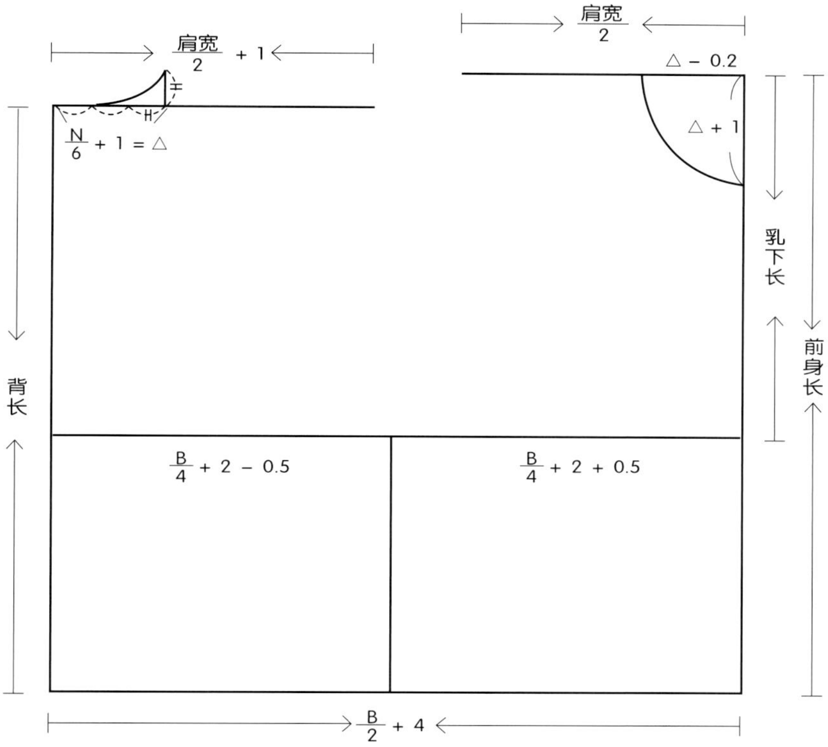

• 先画好基本架构

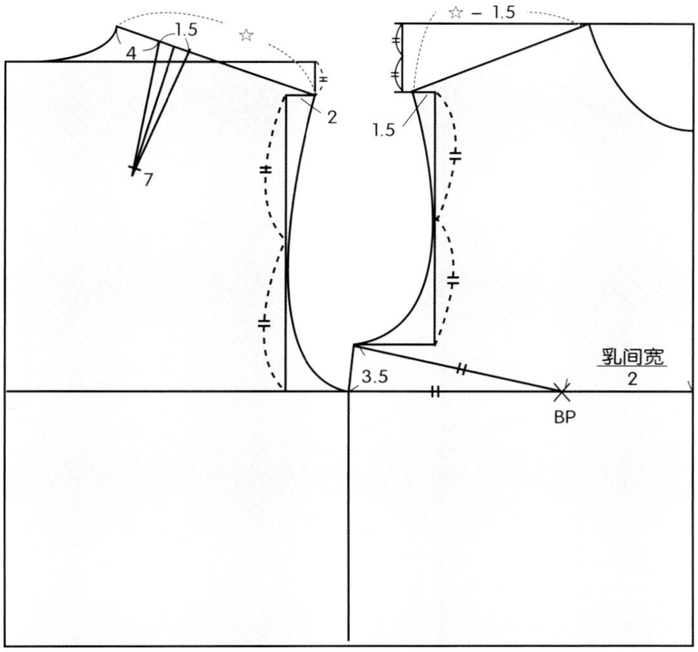

• 再如图标示画出基本原型

■上衣原型各部位名称

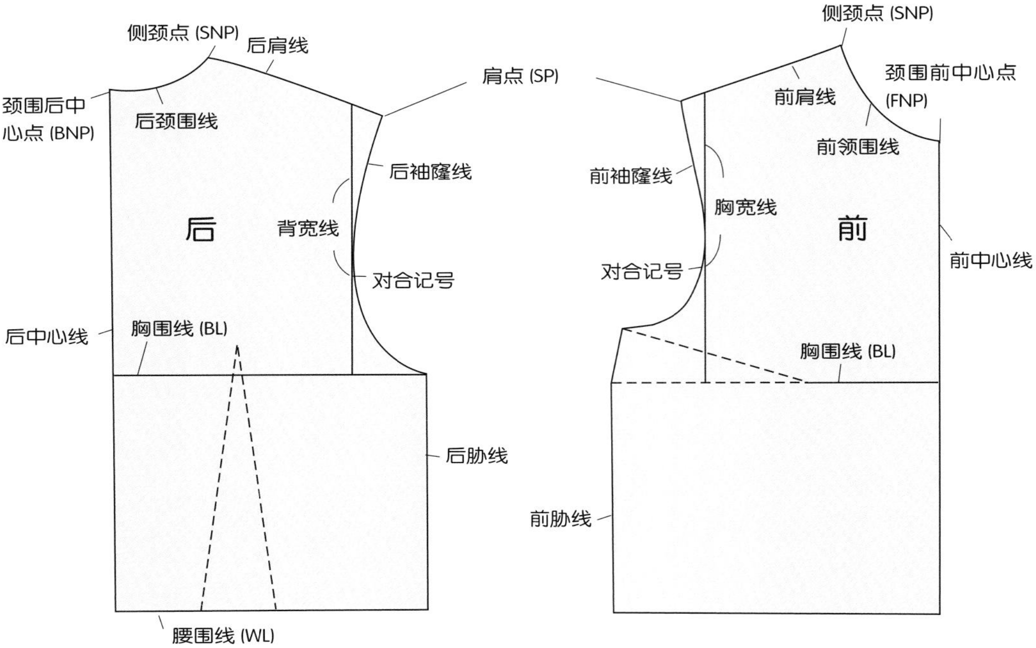

■裙子原型各部位名称

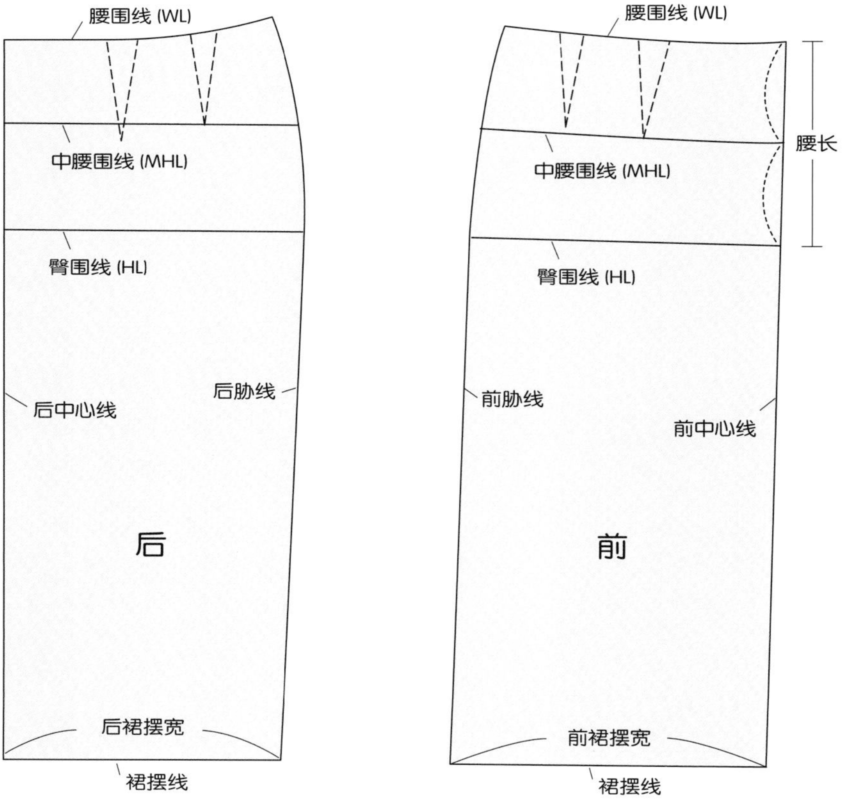

■袖子原型各部位名称

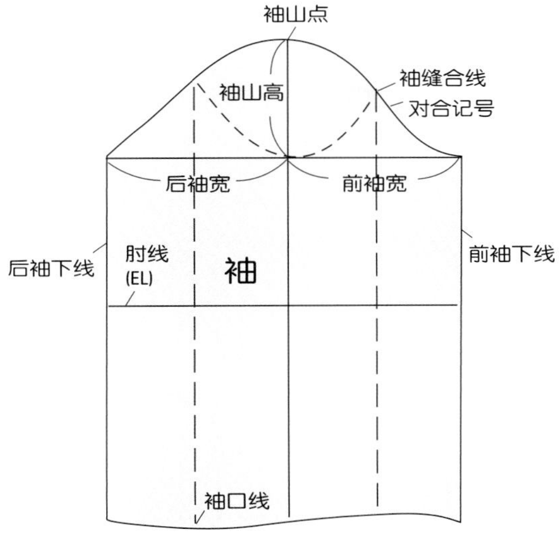

■裤子原型各部位名称

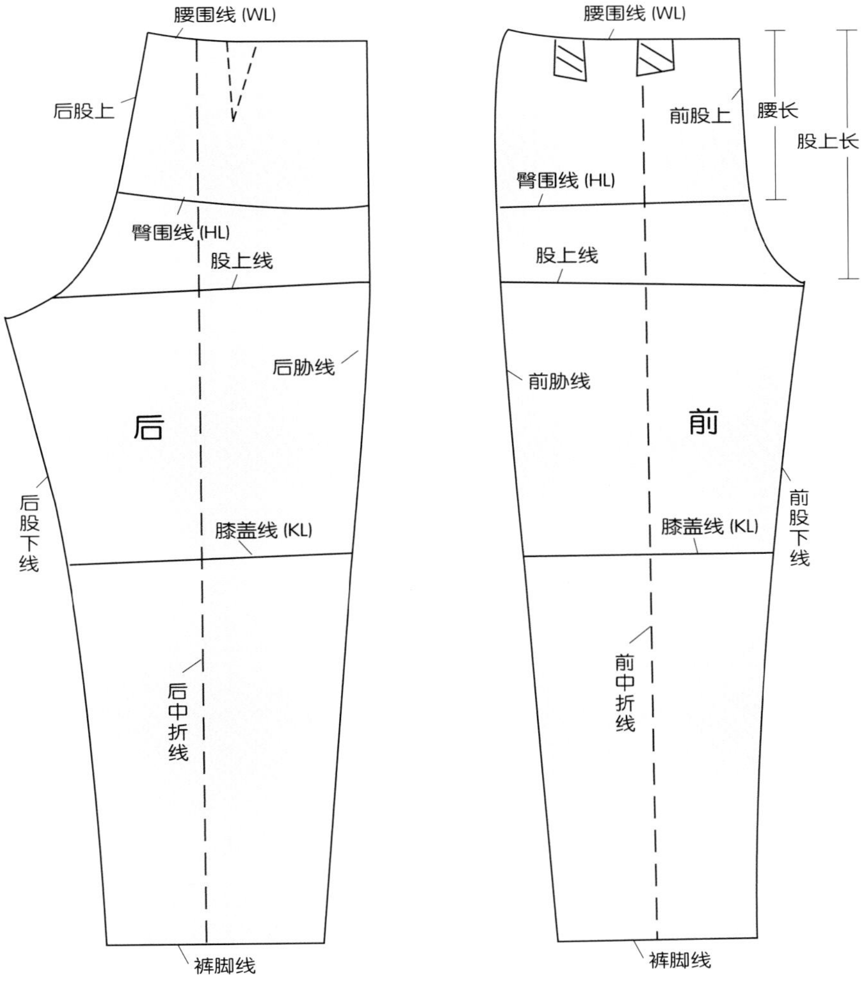

■原型应用

服装制作的制版，皆会以原型为衣服的基础版型，再依设计款式确定各部位应增减的尺寸。因此，在服装制版上，原型的制图就显得特别重要。

• **制版重要的基础点：**原型的前中心线，颈围前中心点 A 点、侧颈点 B 点、肩点 C 点、乳尖点 D 点与颈围后中心点。

• **服装制图采用对称制：**一般服装大多是对称制，如标准型西装，采用纸上制版。也有些不完全对称，如旗袍、多样化的婚纱礼服或是较复杂的服装，会采用立裁制版的方式。本书中大多是对称的简易服装，因此，采用纸上制版的方式。纸上制版，大多采用前身片或后身片的 1/2 尺寸制版，因此大多采用 1/2 片的画法，包括上衣、裤子与裙子。

• **基本原型应用于设计款式**

(1) 宽松份：基本原型胸围已加 8cm 松份，若要制作一般衬衫，其松份已足够了。当然，基本上还是要以设计稿为准，去做尺寸的增减。若做外套，则须依里面要搭配的衣物的厚薄来增减尺寸。

(2) 领型与袖窿型：依设计稿增减原型各基础点的尺寸。领围前中心处要降低还是提高，领宽是多少，袖窿尺寸应是多少，这些制版者需依照设计稿来确定，来进行平面制图。由此可知，服装制版不难，只要精确量出各部位尺寸，并能确实了解这些基础点的位置，再对基本原型加以变化，就能做出自己喜爱的款式，也能领会设计师设计的服装款式。因此，将基本原型快速应用在各种服装款式制版上，能提高制版的成功率与工作效率。

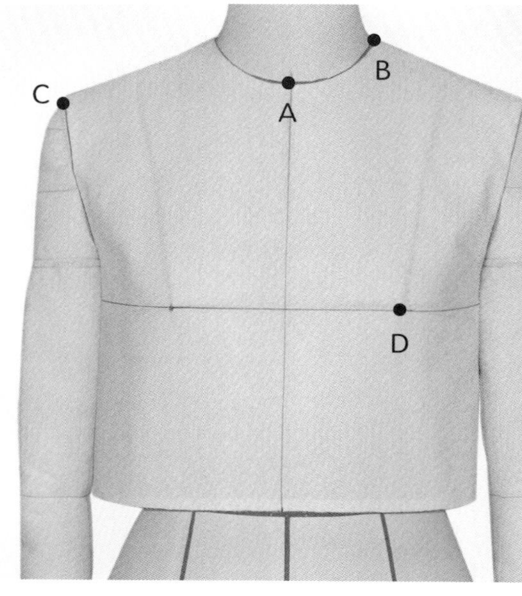

•原型基础点

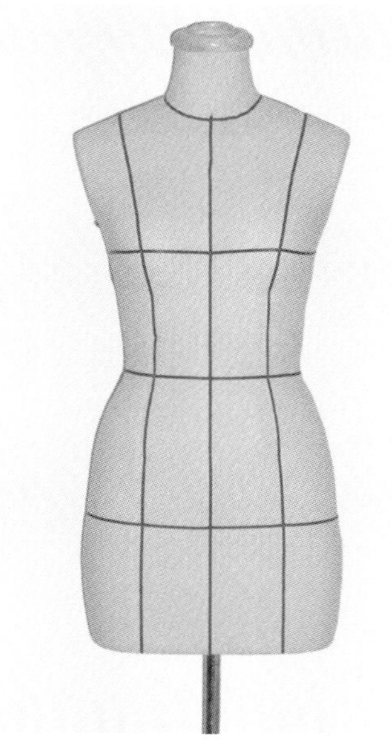

•原型人台

◆各种款式的服装制图

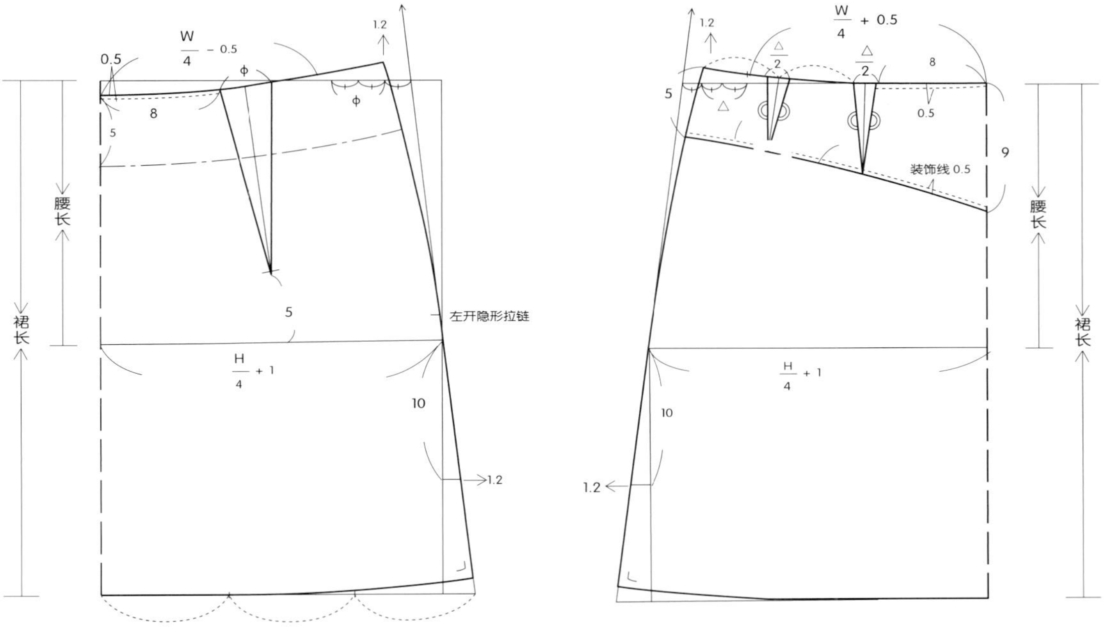

•裙子制图

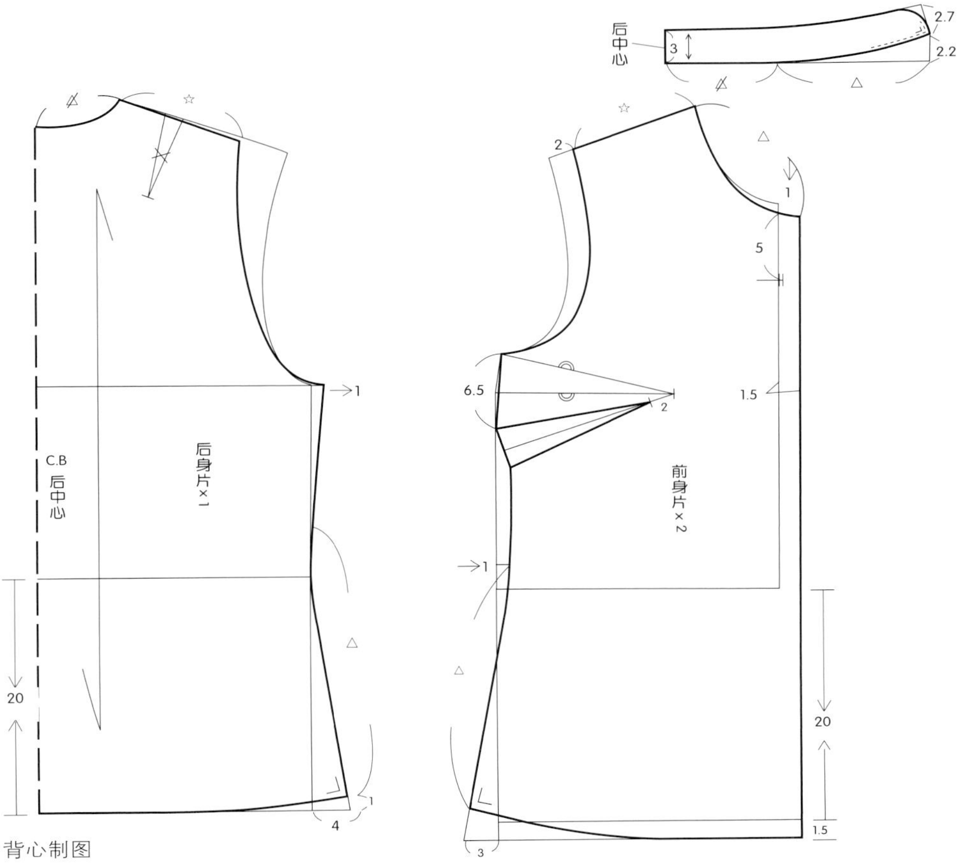

•背心制图

四、缝制工具与程序

（一）缝制工具

在衣服的制作上，工具是很重要的角色，按用途可分为制图用具、裁剪用具、缝纫用具和整烫用具。下面做简单的介绍。

◆ 制图用具

■ 方格尺

透明的尺子，不管制图还是裁布，利用方格尺留缝份都很方便，每一格 0.5cm 宽，且在一端有与尺子边成 45° 的直线记号，可作为取斜布纹的辅助工具。

■ 弯尺

弯尺又可分为 H 弯尺和 D 弯尺，H 弯尺用来画裙子或裤子边，D 弯尺则用来画袖窿和领口等弧度较深的部分。

■ 缩小尺

绘制缩小图的专用尺，常见的规格有 1/4 及 1/5。

■ 曲线尺

画领围、袖窿或裤裆线的辅助尺。

■ 皮尺

量身用的软尺（或卷尺）。

■ 自动铅笔

制图用，大都采用 2B 的笔芯。

■ 纸

可使用牛皮纸、白纸和描图纸等。

◆ 剪裁用具

■ 裁剪台

用来制图、裁剪衣料或熨烫等。桌面以长 150 ~ 200cm、宽 89 ~ 95cm、高 72 ~ 75cm 为佳。

■ 记号用具

用来做记号的工具。

• **粉土：**可分为片状和铅笔状两种，均可在布上画缝份或记号用。粉片可分粉性与油性。粉性的会在布上留下痕迹，必须洗过才会消失；油性的不易洗干净。

• **消失笔：**在布上画缝份做记号用，一般是水溶的。一为气消笔，所做记号放在空气中一段时间后自然会消失；一为

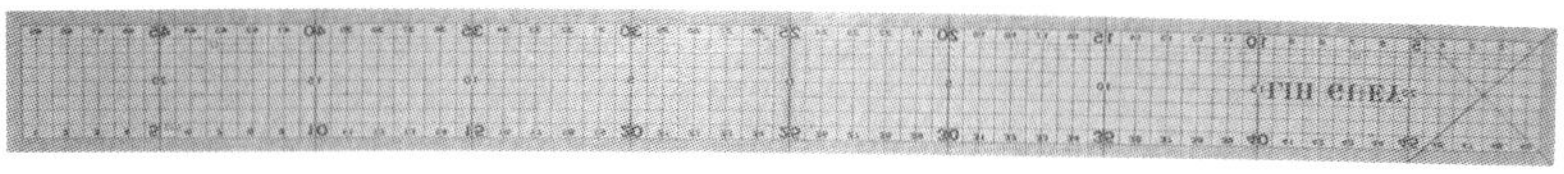

• 方格尺

• 弯尺

• 曲线尺

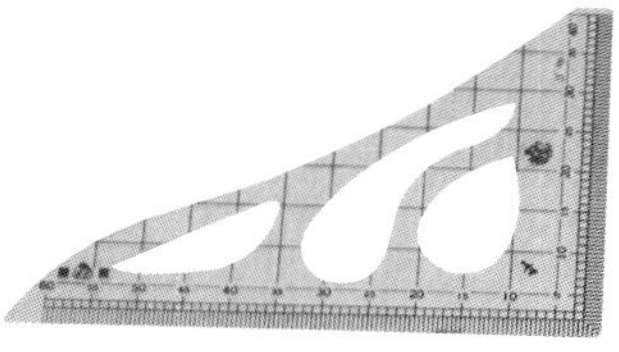

• 缩小尺 (1/4)

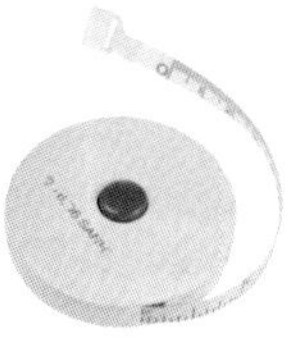

• 皮尺

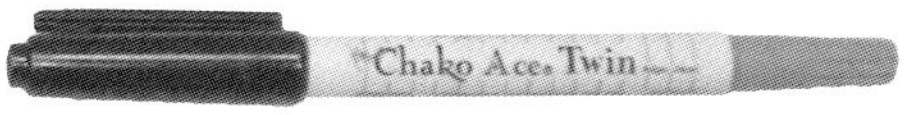

•消失笔

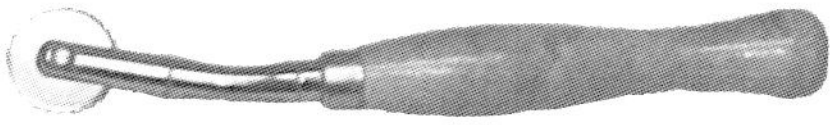
•点线器

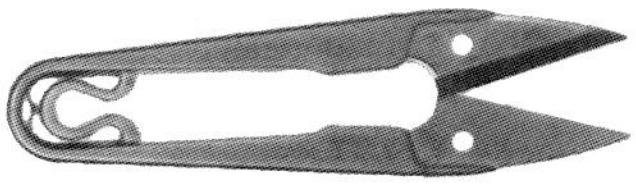
•线剪

•金属顶针

•皮制顶针

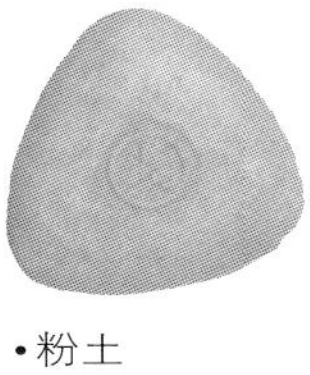
•粉土

•手缝针

•锥子

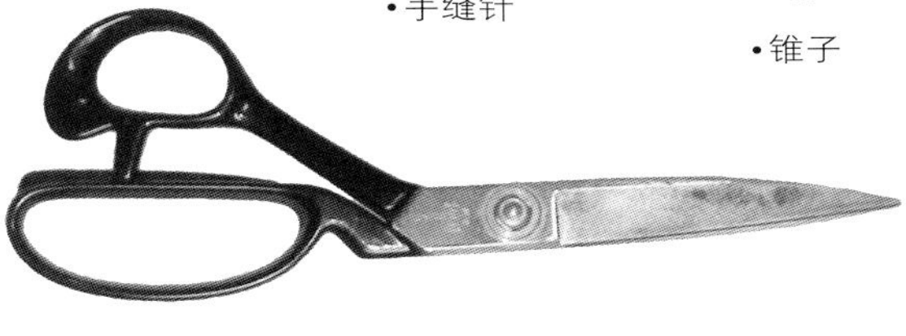
•裁布剪刀

水消笔，所做记号遇水就会消失。

● **点线器：** 拓印版型时所使用的工具。

■ 裁布剪刀

专用的裁布大剪刀，不可拿来剪其他物品，包括纸张。否则刀刃容易损坏。

■ 线剪

剪线用小剪刀，又称纱剪。

■ 剪纸用剪刀

长度以 18cm 为宜。

◆ 缝纫用具

■ 缝纫机

主要可分为工业用缝纫机和家用缝纫机。

■ 顶针

手缝时戴在右手中指第二节关节上，有金属的和皮制的供选择。

■ 锥子

拆衣服或在缝制过程中使用。缝纫时可将车缝的上下两片布同时推移，使服装车缝得更平整。

■ 针

有手缝针、车缝针和固定用的珠针、丝针。

● **手缝针：** 号数越大针越细。通常使用 No.1 ～ 8 的针。0 号又称毛线针。

● **车缝针：** 又可分为家用、职业用、工业用和特殊用四种。家用车缝针称为角针，号数越大越粗，通常使用 9、11、14 号，而 16 号又称皮革针。职业用、工业用和特殊用车缝针则称为圆针，常用号数为 7、9、11、14、16 号。

● **珠针、丝针：** 用于临时固定布料、纸型等，选择针尖细者为佳。用完之后插在针包上，能使缝制更方便且更安全。

◆整烫用具

■熨斗

用熨斗整烫布料有时间（一般一个部位压烫5秒）、压力（重量）、温度三大重点，缺一不可。另外整烫工作台的平整度与硬度也是重点，若工作台太软，则衣服不易定型。熨斗分为工业用熨斗和家庭用熨斗。

- **工业用熨斗：**一般有3.5kg，轻的也有2kg。温度标示清楚，掌控温度较容易，蒸汽量足，可随需要控制。因以上因素，工业用熨斗整烫后的衣服较平整，也较能塑型。缺点是较重，且是吊挂式，需要有固定的位置，较占地方，价格较贵。
- **家庭用熨斗：**轻巧方便，价格较便宜。但因压力不足，缺乏明确的温度标示，蒸汽量不足且无法随需要控制，所以整烫衣服效果不如工业用熨斗。

■熨垫

熨垫垫在要熨烫的衣料下，勿太软或太厚，以免留下烫痕。一般以长90～100cm、宽50～60cm为佳。

■垫布

为避免毛织物、化纤、丝织品等熨烫时熨痕发亮，可在衣服上加盖退浆过的白棉布。

■烫马

整烫用。选购时要选较硬的，如此烫过的衣服才会达到平整的效果。不要买铺软海绵的烫马，因为它无法烫平衣物。

■大理石板

裁布时可帮助压版型用，或是烫缝份时，可用它来定型。含有人造纤维的布料尤其需要它。

•工业用熨斗

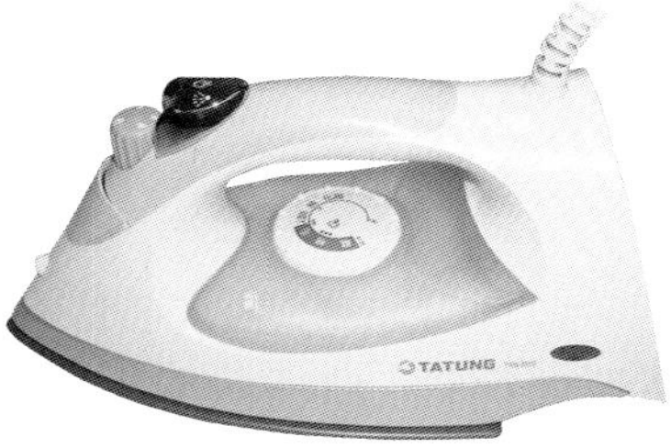

•家庭用熨斗

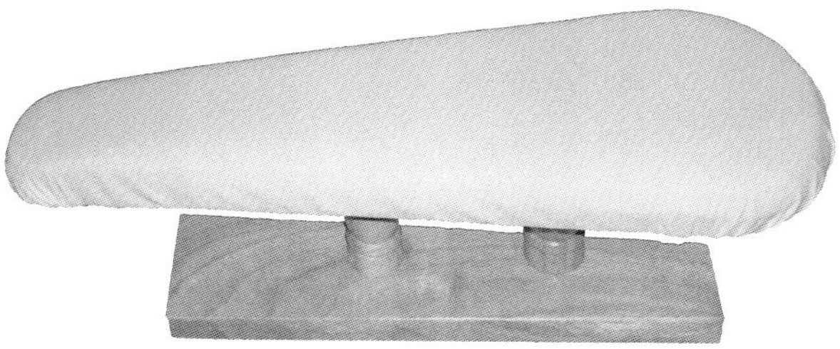

•烫马

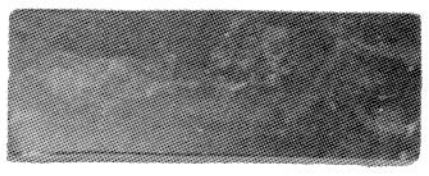

•大理石板

（二）缝制程序

依设计图绘制好版型后，再裁布、缝制、整烫。

◆ 裁布

■ 裁布前的准备

用布量的估计。以所选用的布料宽度为基础，在排版时，先排较大的版型，并配合款式与设计所需的布纹（一般是直布纹）排列，如此估算所需的用布长度。

- **单幅宽**

72cm

90cm

114cm

- **双幅宽**

144cm

■ 纸型绘制

纸型绘制的方法可分为平面制图法和立体裁剪法。

■ 整布

在开始裁剪前，必须先将布料做适当的缩水，再整理布纹并检查瑕疵。所谓缩水处理是指将布料（棉、麻、人造丝等）浸水后整烫，若是毛料，则先喷水，丝、绸缎以及化学纤维等布料以干烫熨平。

■ 排布

首先确定布纹的方向和布料的正反面。布纹分为直布纹、横布纹和斜布纹三种。直布纹是指与经纱或布边平行的方向，横布纹则是与纬纱平行或与布边垂直的方向。再检查版型前、后身片的边及各接合线是否等长，布料正面相对折好，反面朝上再放上纸型。摆放纸型时除布纹要正确外，还要留出适当的缝份，大片版型先排，再放小片版型，以节省布料为原则。

■ 缝份的取法

接缝处的缝份要一致，领口、袖窿等弧度较大的地方，缝份要留 0.5 ~ 1cm，以避免产生牵吊现象。一般在缝剪接片、贴边时，会留 1.5 ~ 2.5cm 的缝份，衣摆、裙摆、裤脚的缝份则须留 4cm。

■ 做记号

依布料的种类选择做记号的方法，如毛料用线钉，棉与合成纤维布料用粉片，在前中心、后中心、活褶、开口止点处做对合记号。

■ 裁剪

用裁布剪刀裁剪直线时，要张大刀口快速裁剪，而剪曲线则要先用手压住布面，用剪刀前端小口小口地剪。

■ 裁衬布并贴衬

依照衣服款式的需要，有时需用衬布，以使成品更硬挺、更结实。

◆ 缝制

缝制服装基本上是先从小的地方着手，如先车缝褶子、口袋、门襟、领子、里口布等。再将这些已完成的部分一一接缝，完成整件衣服。

◆ 整烫

服装缝制完成后，必须配合布料种类调整熨斗温度，并选择适当的熨烫方法。下面介绍各种布料在制作前的整理方法与熨烫的适宜温度：

材质	缝制前整理方法	熨烫的温度
棉、麻	经过防缩、防皱加工的布料可从表面干烫，并整理布纹。 未经防缩、防皱加工的布料，浸水后整烫	160 ～ 170℃ 170 ～ 180℃
丝	从反面干烫，并调整布纹	130 ～ 140℃
羊毛	布料正面相对，均匀喷水，放置一段时间后，再干烫。或布料正面相对，以蒸汽熨斗整理 长毛布料只需烫平褶皱即可	160℃左右
长毛 丝绒 灯芯绒	要注意不可倒毛，只要烫平褶皱即可。整烫时使毛面相对，再干烫或蒸汽烫	140 ～ 150℃
人造丝	要从反面干烫	120 ～ 130℃
化学纤维	聚酯纤维不会缩水，只要烫正布纹即可，最好从反面烫	120 ～ 130℃

裙子的制作

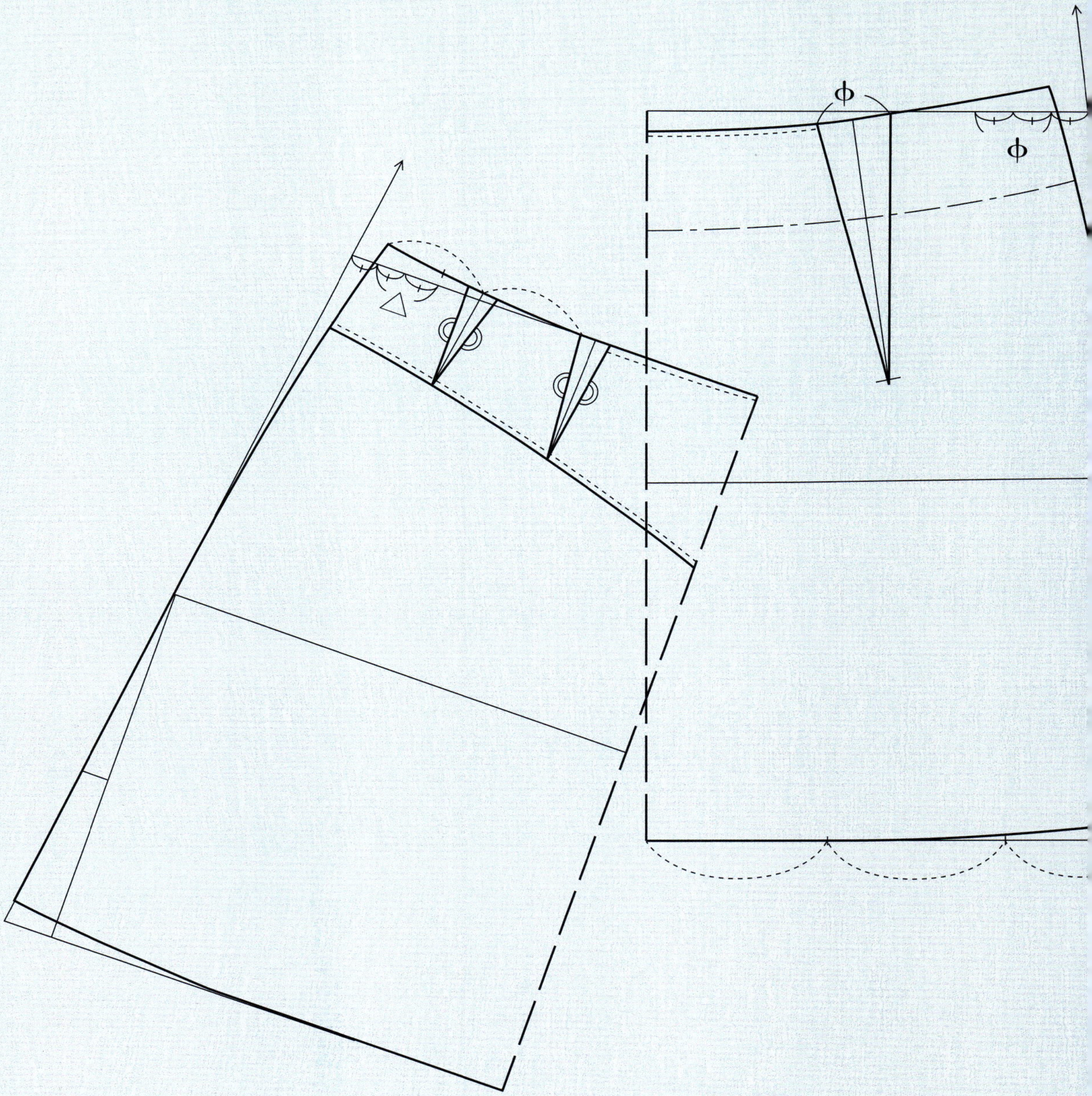

示例 A 字裙

此款低腰且有腰部剪接片的 A 字裙，造型时尚，可以展现年轻人的气息。通过此款裙子的制作，缝制者可学习到前腰剪接片尖角的接缝方法、隐形拉链的车缝技巧等。

A-line Skirt

式样图

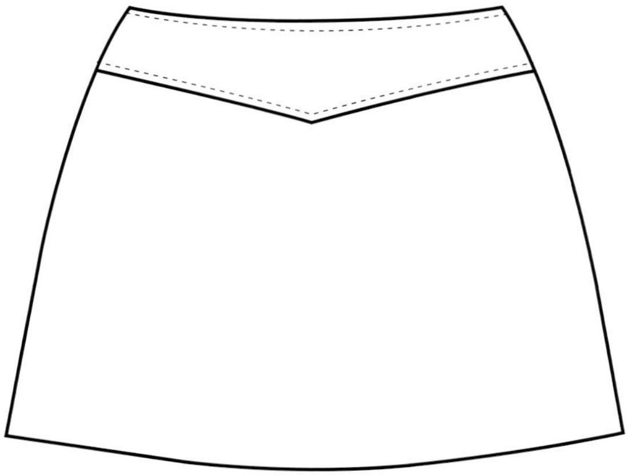

前裙片

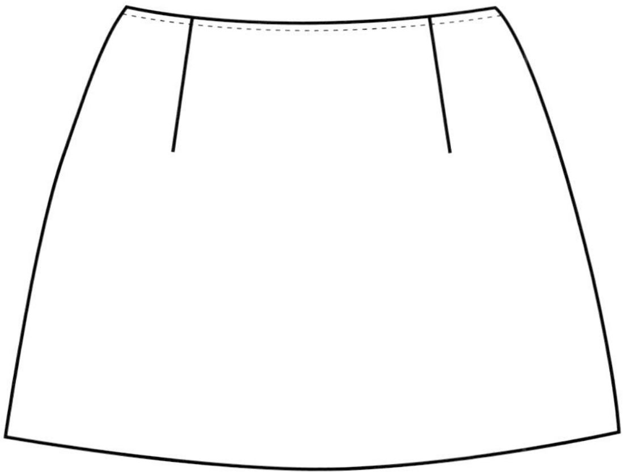

后裙片

材料表

名称	规格	单位	数量
表布	中厚 T/C 斜纹素面布 幅宽 147cm，长 60cm		
衬布	薄胶衬		
副料	隐形拉链 24cm	条	1

制图

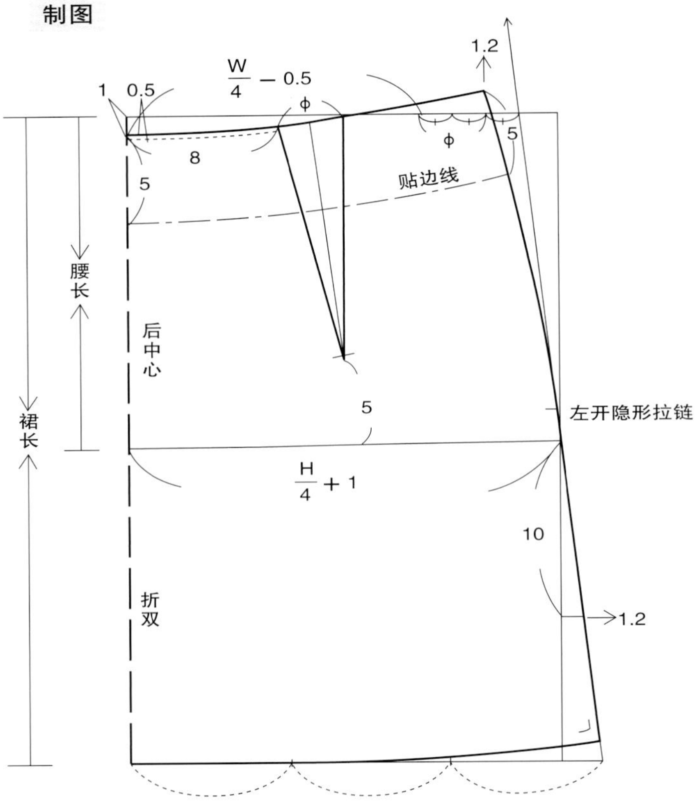
W/4 − 0.5
1.2
1
0.5
ϕ
ϕ
5
8
5
贴边线
腰长
后中心
裙长
5
左开隐形拉链
H/4 + 1
10
折双
1.2

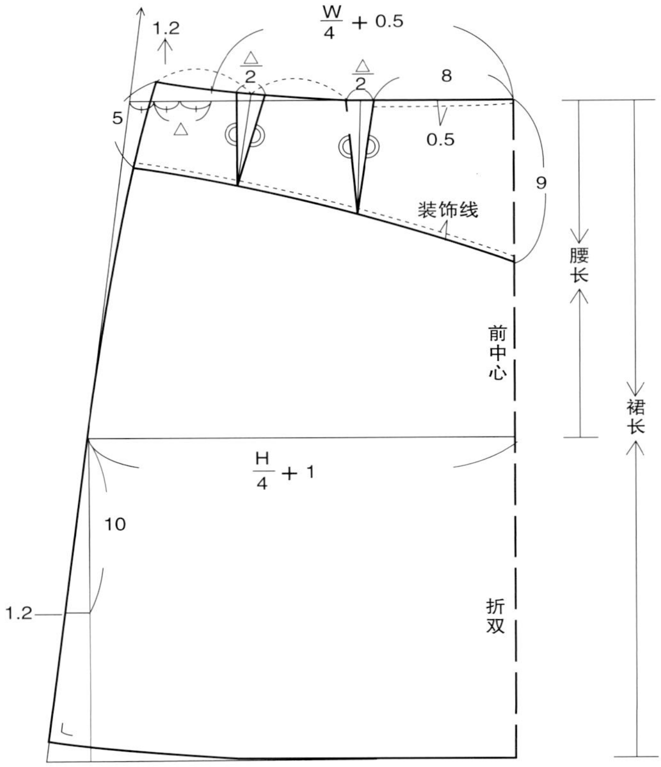
W/4 + 0.5
1.2
△/2
△/2
8
5
△
0.5
9
装饰线
腰长
前中心
裙长
H/4 + 1
10
1.2
折双

衬布的裁剪

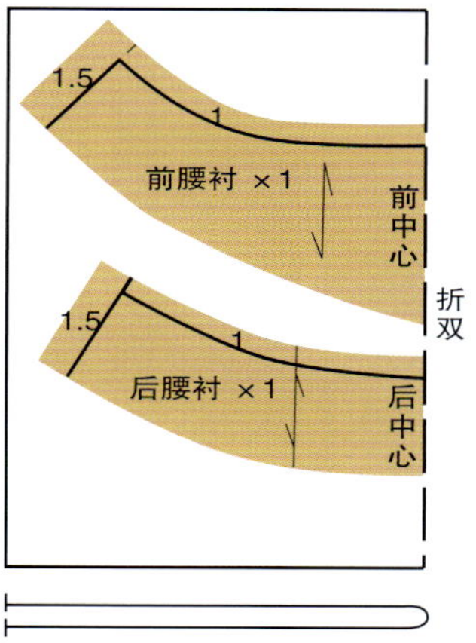
1.5
1
前腰衬 ×1
前中心
折双
1.5
1
后腰衬 ×1
后中心

排版

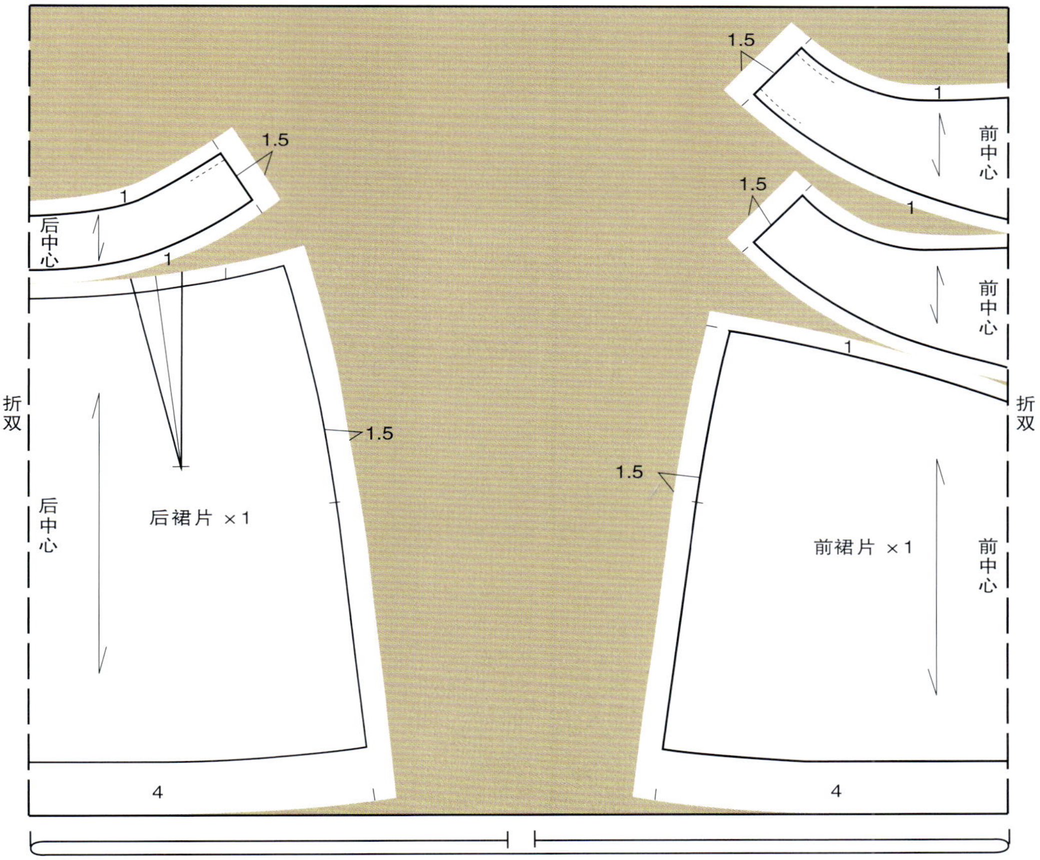
1.5
1
前中心
1.5
1
前中心
1
折双
1.5
1
后中心
1
1.5
折双
后中心
后裙片 ×1
1.5
前裙片 ×1
前中心
4
4

制作方法

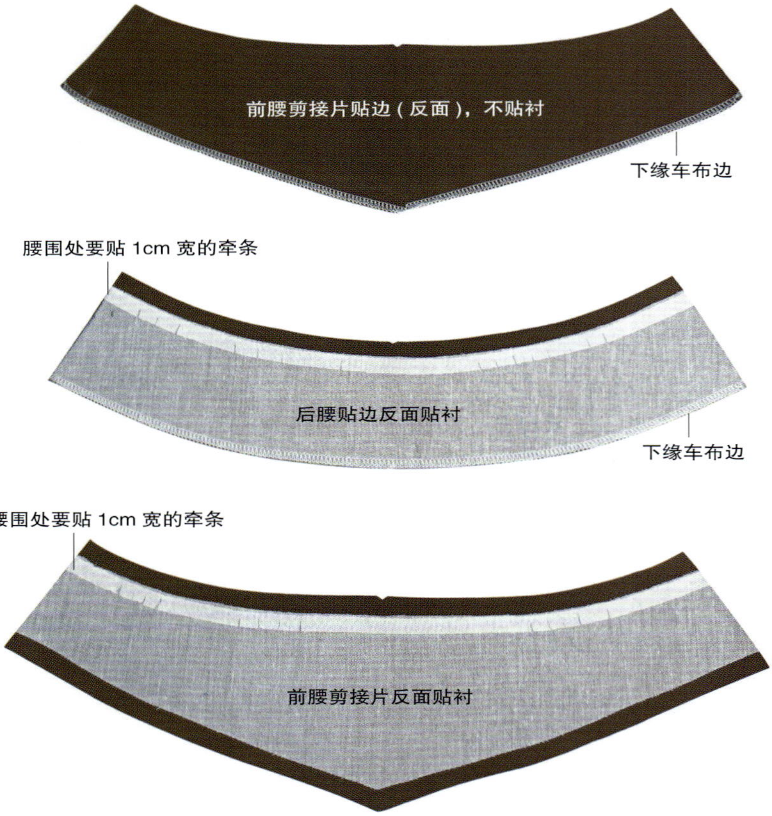

1 前腰剪接片与后腰贴边贴衬。

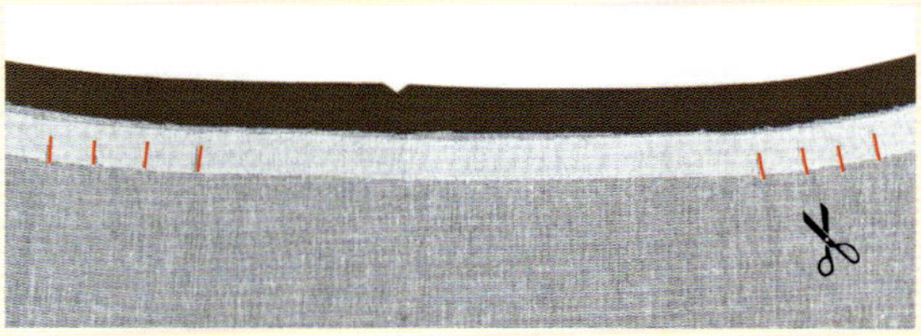

【牵条剪牙口】

贴牵条的方式，请参考本页上面的图文。腰围弯曲处，牵条要剪牙口，剪在内侧，不是在靠近腰围线处剪。

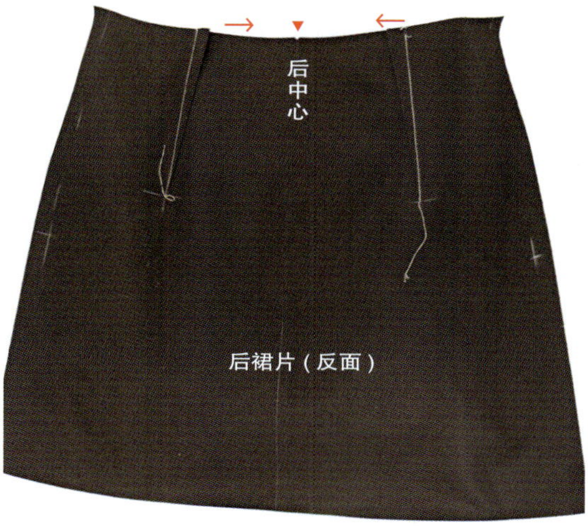

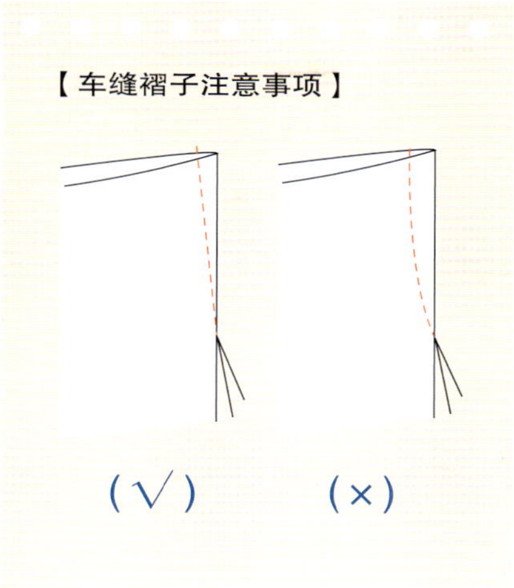

2 车缝后裙片褶子，并将褶子烫倒向后中心。

3 整烫后裙片的褶子。★**此处由于是弧形，因此要放在烫台上，有弧度的地方才烫得平整（从反面烫）。**

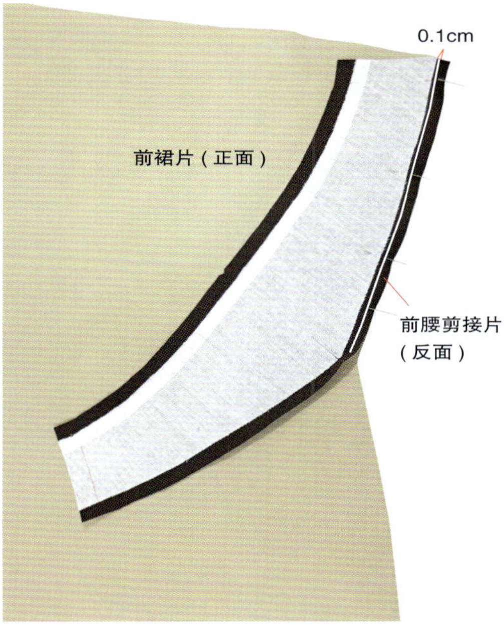

4 **前裙片与前腰剪接片车缝接合：**前腰剪接片与前裙片的前中心尖点处要对合记号点，再于衬布边缘线外 0.1cm 处车缝。

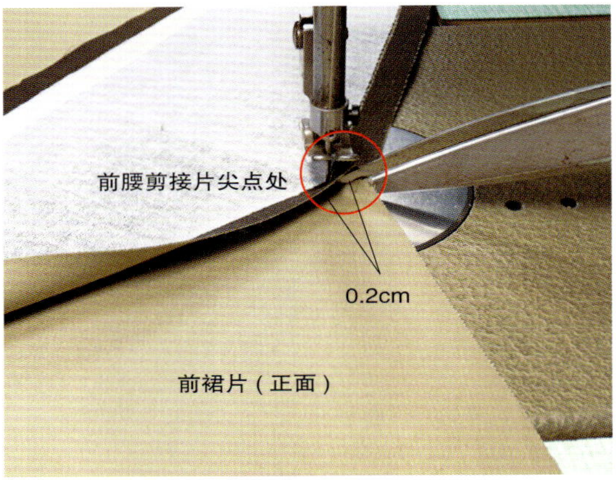

5 当车缝到前腰剪接片的尖点处时，要将针扎在尖点处，翻开剪接片，由前裙片的中心尖点处剪一刀牙口，剪到针前 0.2cm 停住。

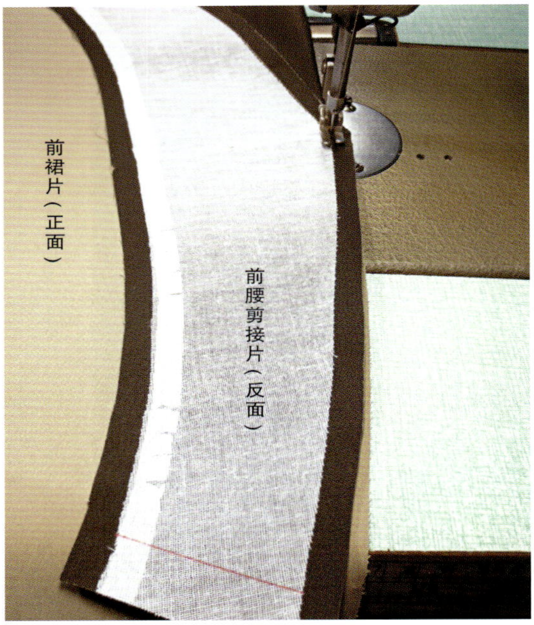

6 将前腰剪接片转向垂直的方向，前裙片放平整，继续车缝。

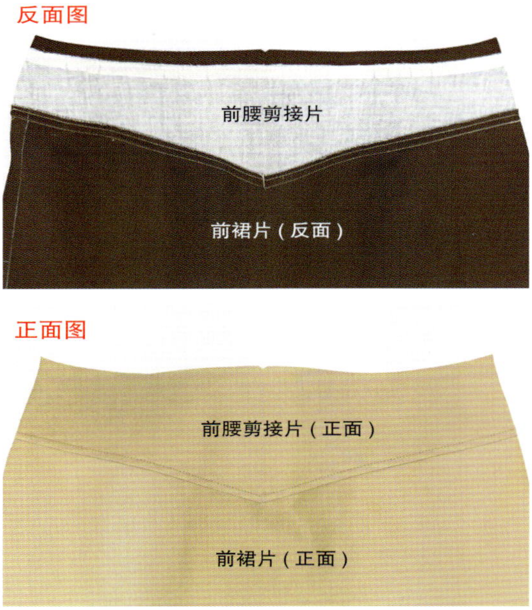

7 **前腰剪接片烫平、压缝装饰线：**将缝份倒向裙腰方向，从反面烫平，正面压缝 0.5cm 装饰线。

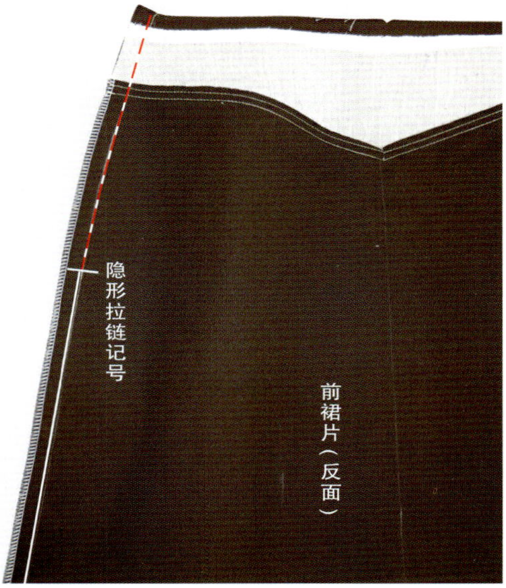

8 **固定隐形拉链：**先将前、后裙片的左胁边对合。以最大的针距，从上往下车缝到隐形拉链记号处。记号处以下，以一般针距，先进行回针缝，再往下车缝至下摆处，再进行回针缝。**★注：一般回针缝是 3 针。**

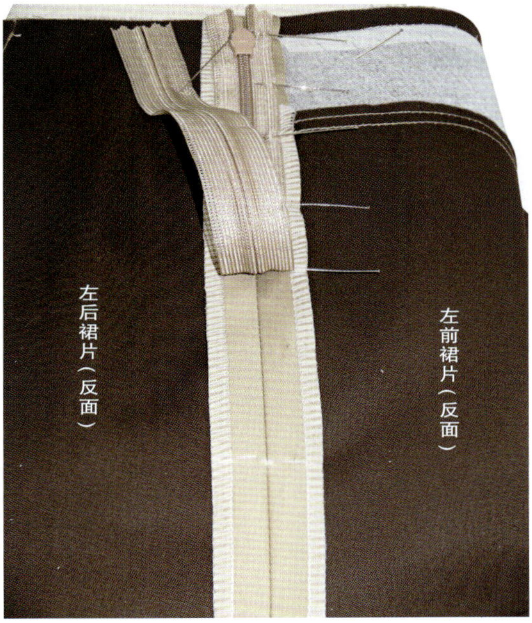

9 如图先将缝份烫开，并将裙片胁边缝份烫平后，放在烫马上，将拉链的反面向上，拉链的正面中心线对准胁边接合线，再将一侧拉链用丝针固定于裙片的缝份上，固定至拉链位置记号处即停止。

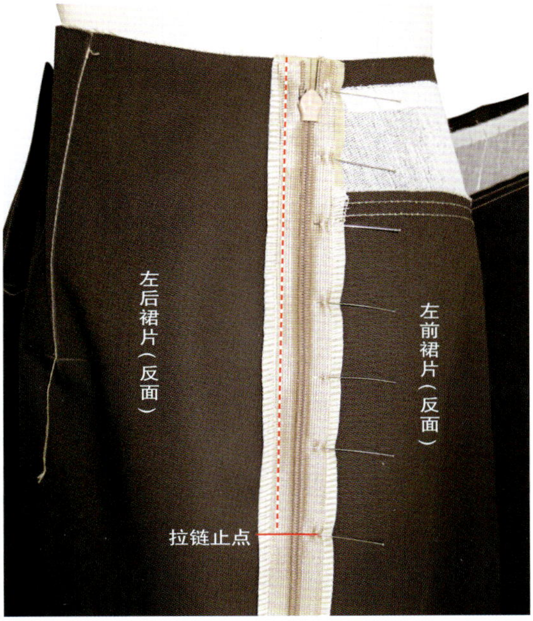

10 先将没有丝针固定的那一侧拉链与裙片的缝份车缝固定，车缝到拉链止点停止。**★只将拉链与裙片缝份一起缝，不可车缝到裙片。**

11 再车缝用丝针固定的那一侧拉链。

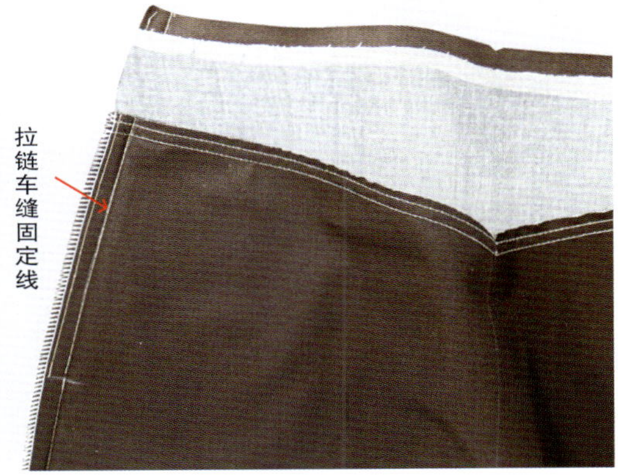

12 若将裙片的缝份推平，可看到车缝固定的线。

13 如图将步骤 8 车缝的大针距线拆除。

14 用单边压脚紧靠拉链边车缝，从裙腰车缝至拉链止点。由 X 点先车缝到 Y 点，或是由 Y 点车缝到 X 点皆可。顺序可依个人的手势习惯。

15 拉链车缝完成后的正面图。

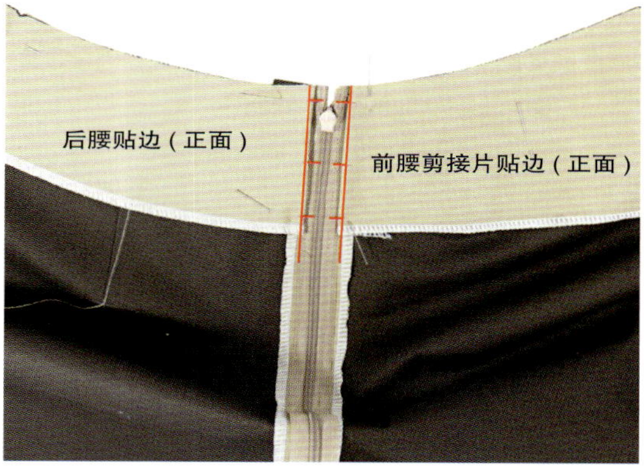

16 **车缝裙腰：**如图将前腰剪接片贴边与后腰贴边正面朝上放置。对准两侧拉链上方（缝份折于裙下），并在贴边与拉链上做记号。

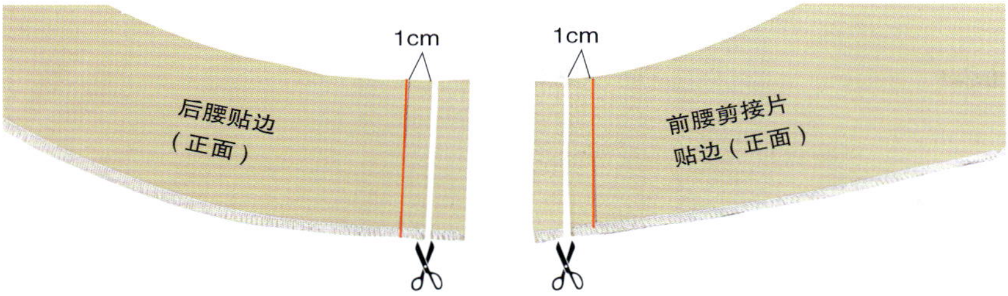

17 红色线外留1cm缝份，其余剪掉。

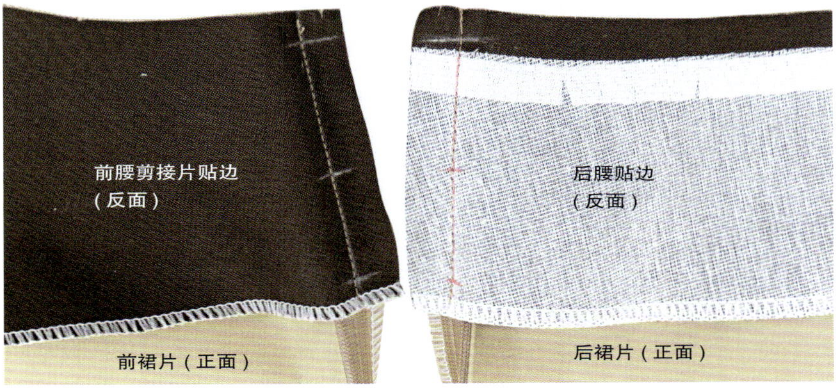

18 如图依照步骤16所做的记号，将前腰剪接片贴边、后腰贴边与前、后裙片分别正面相对车缝。

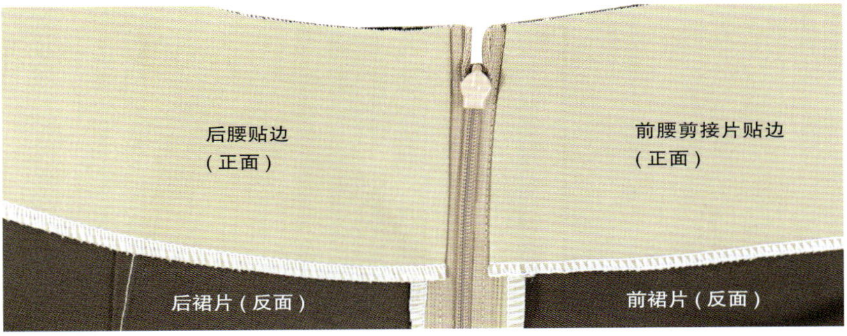

19 车缝完成的样子。

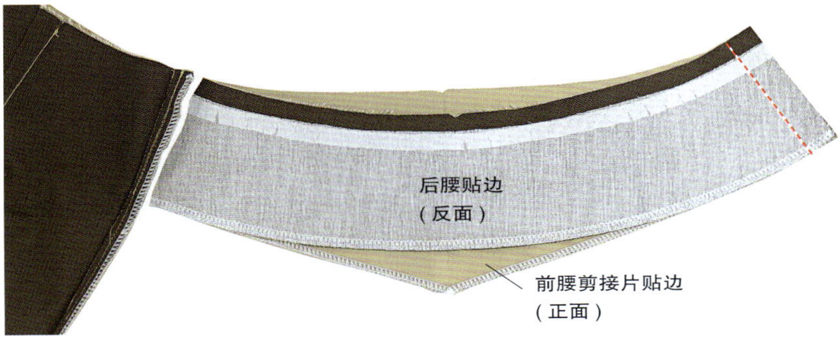

20 车缝前腰剪接片贴边、后腰贴边的另一侧胁边缝份。

21 车缝裙身的另一侧胁边，并烫开缝份。

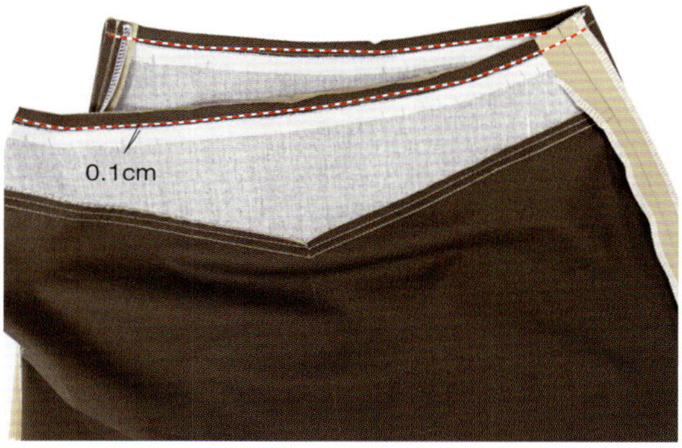

22 将裙身腰围线与贴边腰围线对齐，在牵条最外缘线外 0.1cm 处车缝。

23 将腰围缝份剪去 1/2。

24 如图将裙腰处的缝份倒向贴边，在贴边的腰围线内 0.1cm 处压缝。

25 步骤 24 完成整烫的样子。

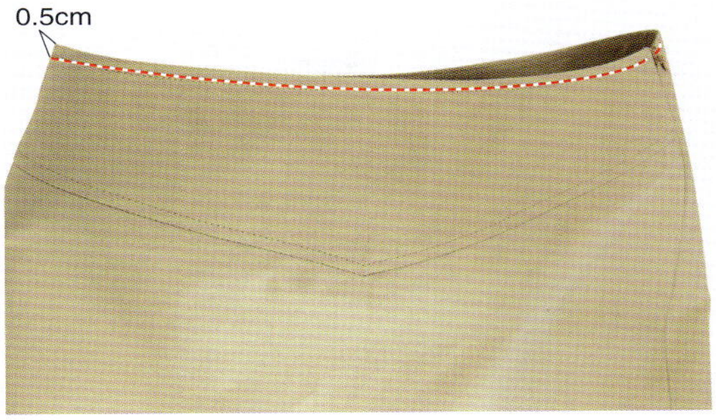

26 在裙腰最上端处压缝 0.5cm，并在剪接线车缝处做一道落机缝。

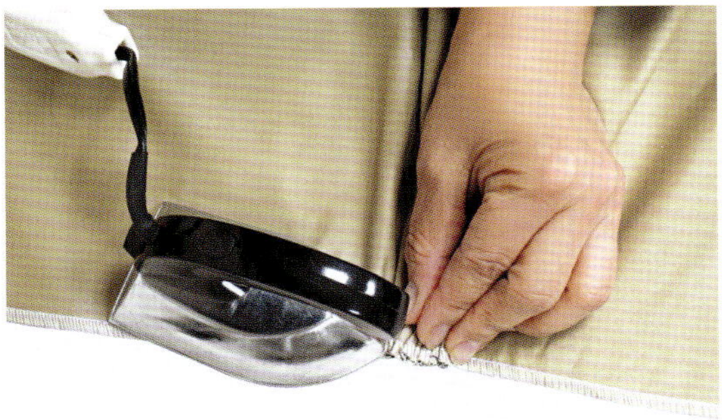

27 如图缩烫下摆。

28 下摆缩烫完后，再将缝份往裙身折烫，并以大针疏缝下摆。

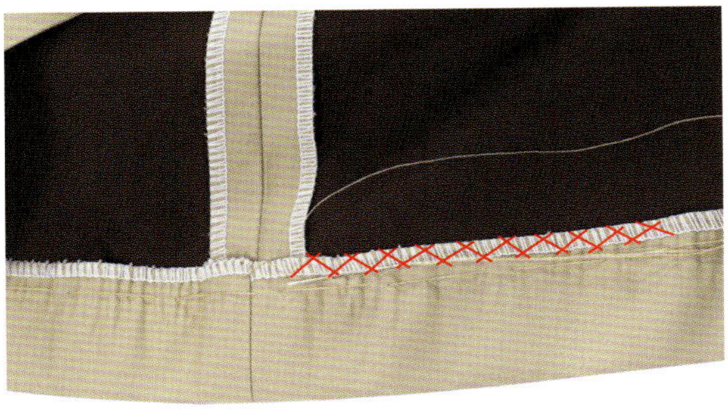

29 下摆缝千鸟缝（参考 P.46）。

30 整烫完成。

千鸟缝

1 线紧靠锁边位置，由布的反面穿出布的正面。

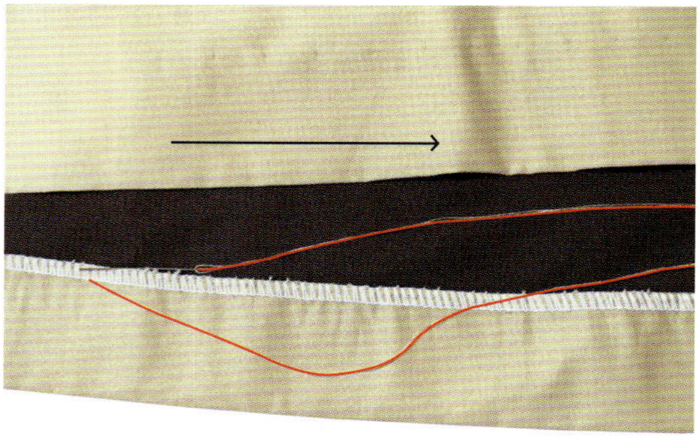

2 千鸟缝的方向，是如图箭头所示的方向。针由右往左，轻轻挑起布边几根纱线。不可挑太多纱线，以免从布的正面看到缝线。

3 把步骤 2 的针拉出，再继续，由右往左，在下摆锁边处挑起几根纱线缝。

4 接下来，按步骤 2~3 继续缝，将下摆整圈以千鸟缝处理。

衬衫的制作

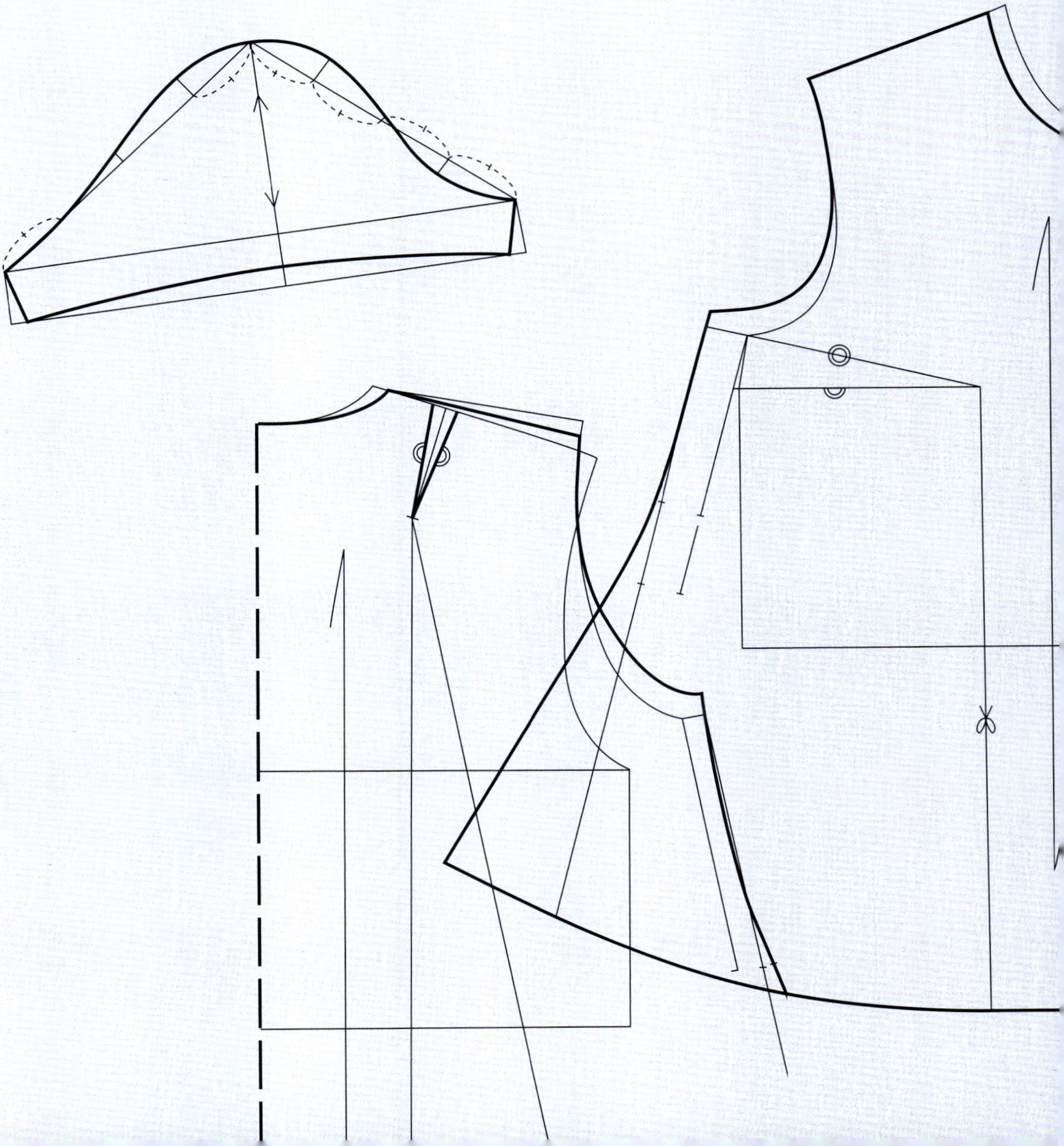

示例

娃娃领衬衫

此款衬衫采用可爱的娃娃领，加上伞状的衣身造型，既简单大方，又能展现轻巧可爱的线条。通过此款上衣的制作，缝制者可学习到车缝娃娃领、门襟、袖子与手缝按扣等制作技巧。

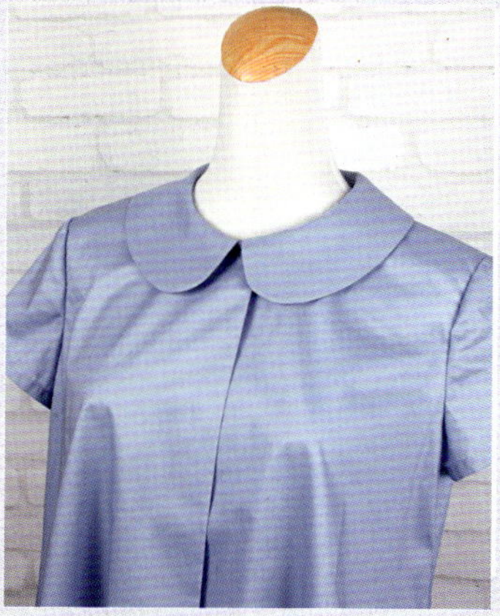

Round neck Blouse

式样图

前面

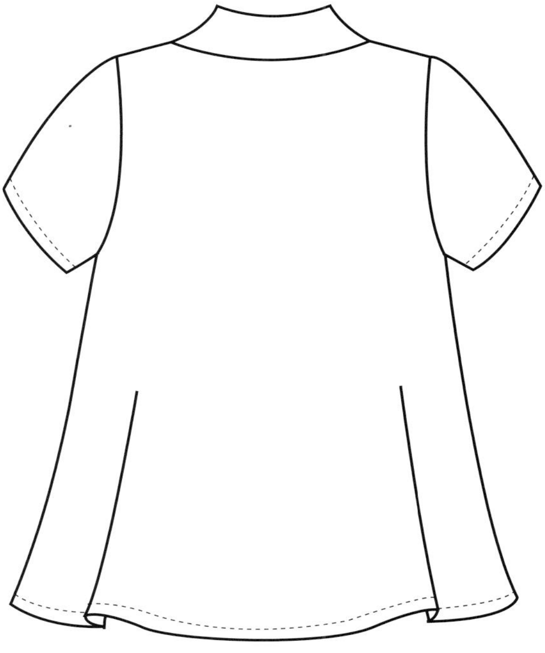

后面

材料表

名称	规格	单位	数量
表布	轻薄 T/C 平纹素面布 幅宽 147cm，长 105cm		
衬布	薄胶衬		
副料	按扣	组	1

制图

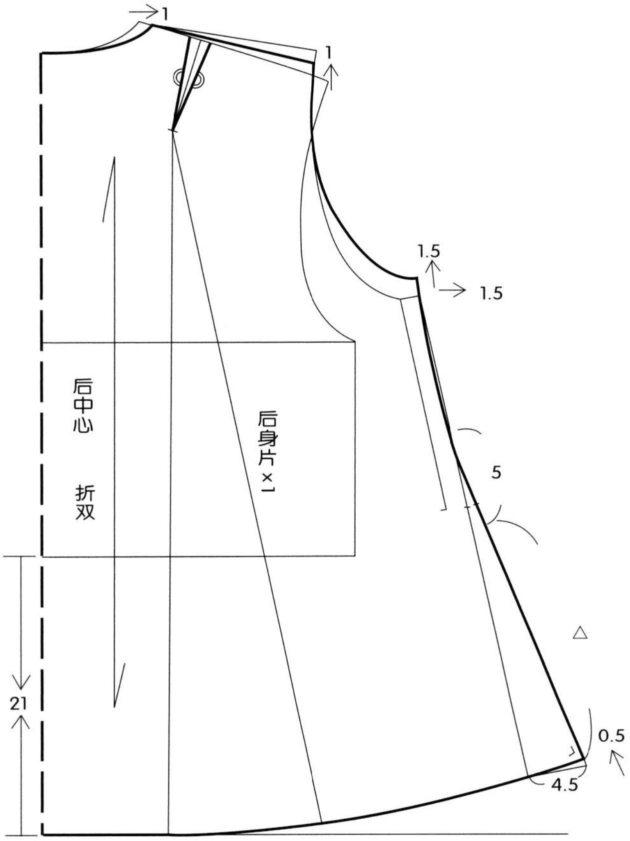

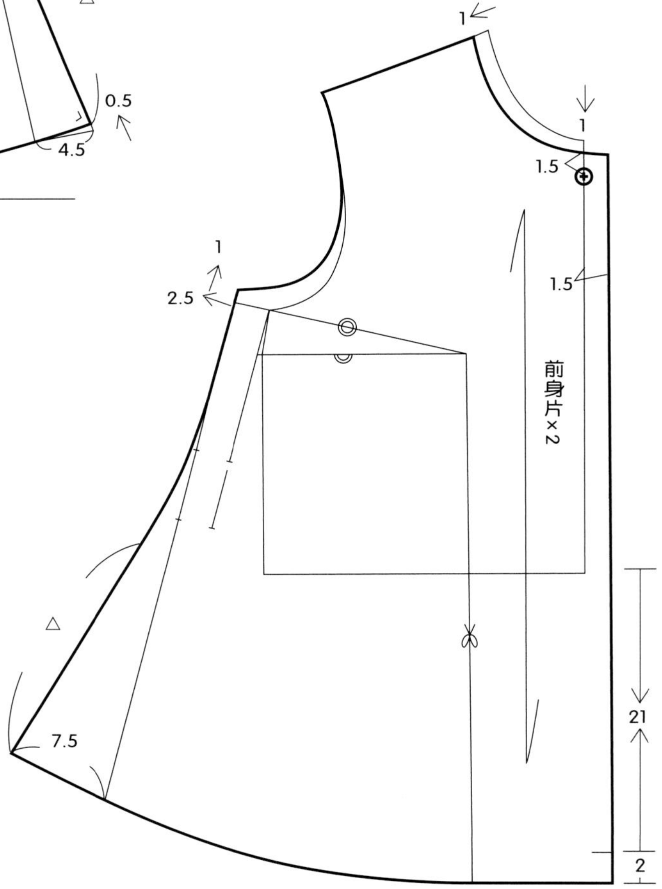

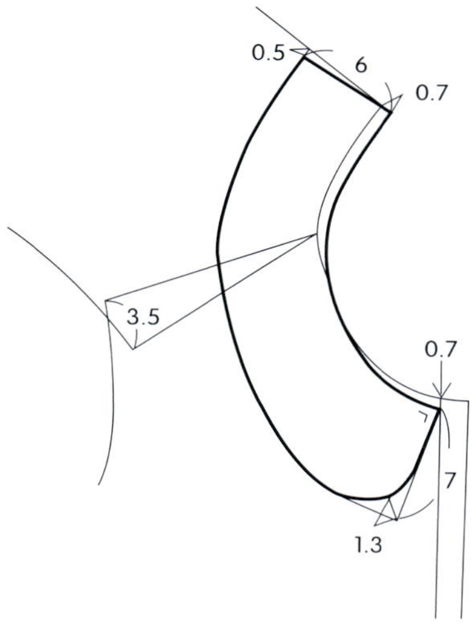
0.5
6
0.7
3.5
0.7
7
1.3

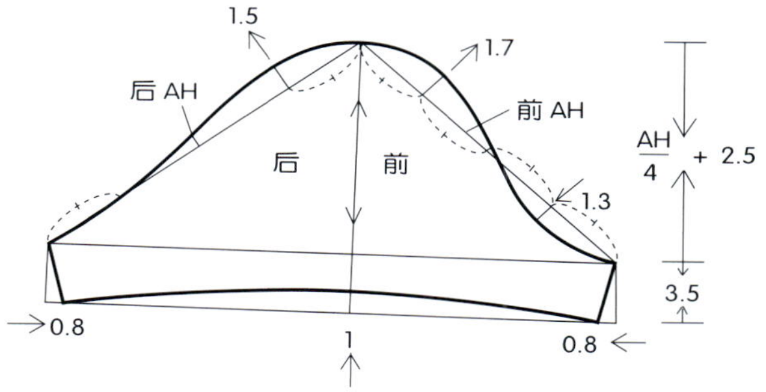
1.5
1.7
后 AH
前 AH
后
前
AH/4 + 2.5
1.3
3.5
0.8
1
0.8

衬布的裁剪

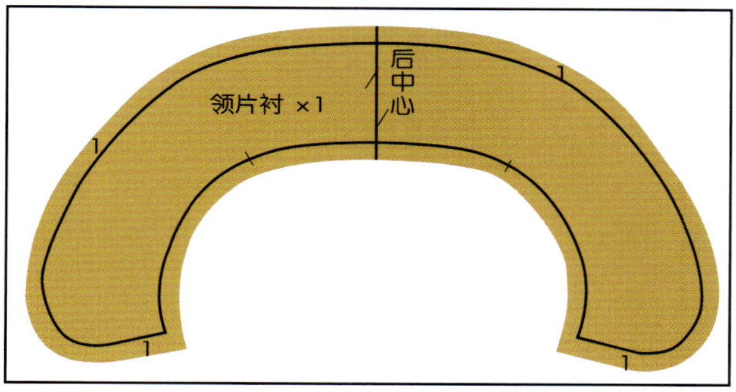
领片衬 ×1
后中心
1
1
1
1

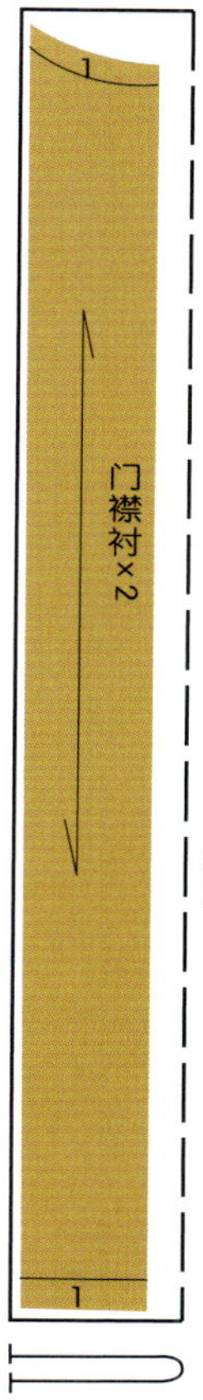
门襟衬×2
折双
1
1

排版

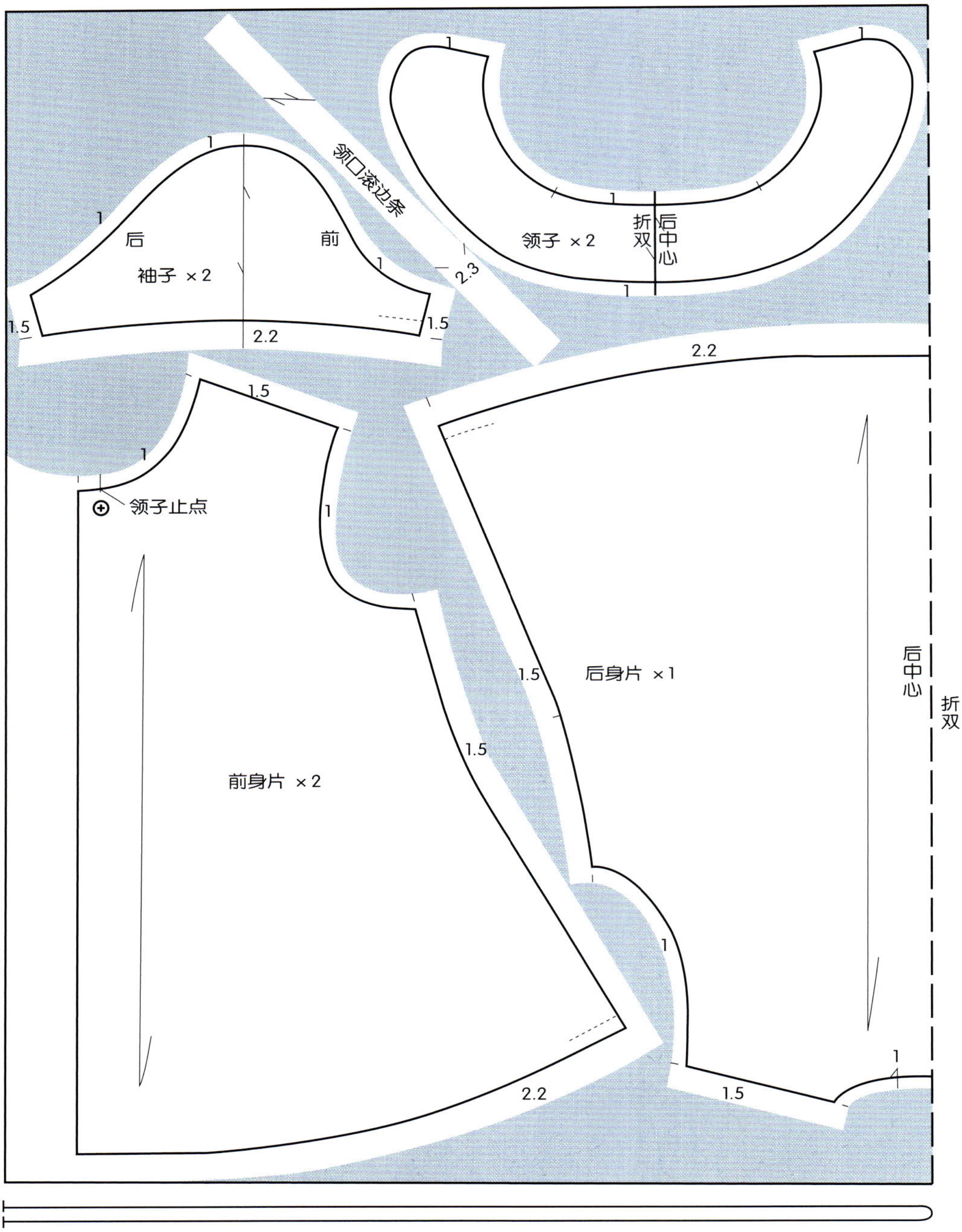

制作方法

1 如图表领片反面贴衬（包含缝份），并于缝份位置画线做记号。

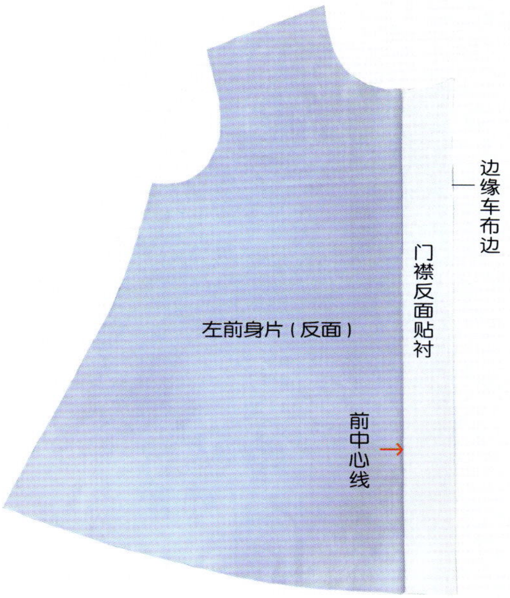

2 在左前身片门襟反面贴衬，并在边缘车布边。右前身片门襟用同样方法贴衬。

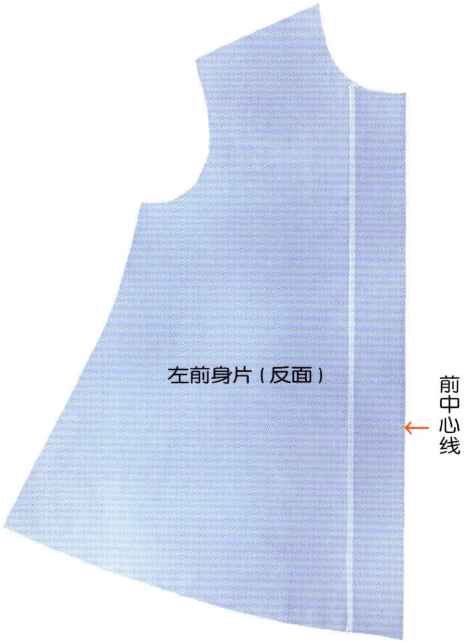

3 沿步骤 2 箭头所指的前中心线，将左、右前身片贴过衬的门襟往衣身处翻折。

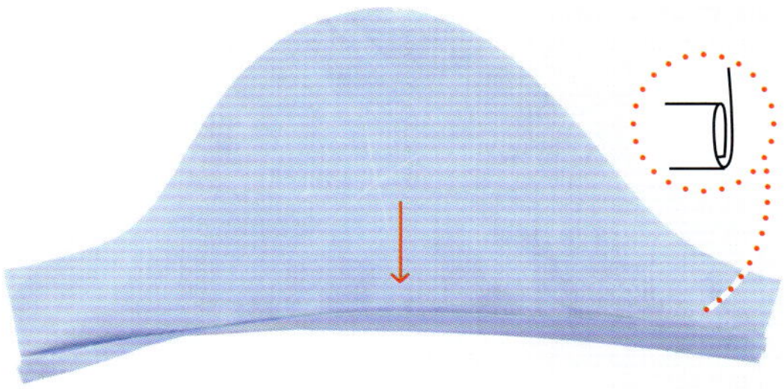

4 袖子袖口处，依缝份记号线往袖片折烫成两折三层，并将箭头所指的缝份处稍加烫拔。

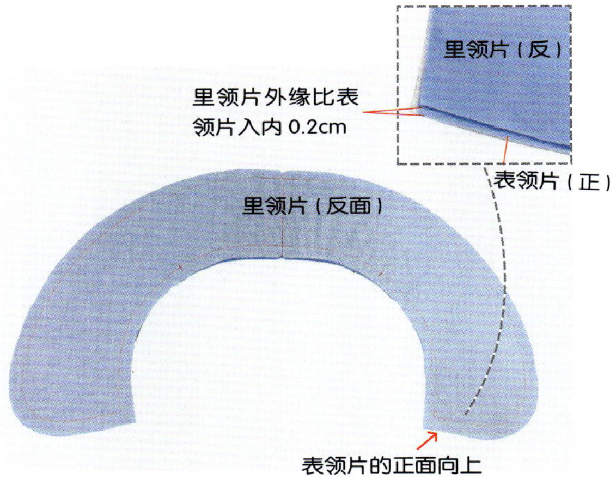

5 **车缝领子：**表领片（贴衬的领片）正面向上，放在下面。里领片反面朝上放在表领片的上面，修剪里领片的领子外缘缝份宽度，使里领片比表领片外缘入内 0.2cm。

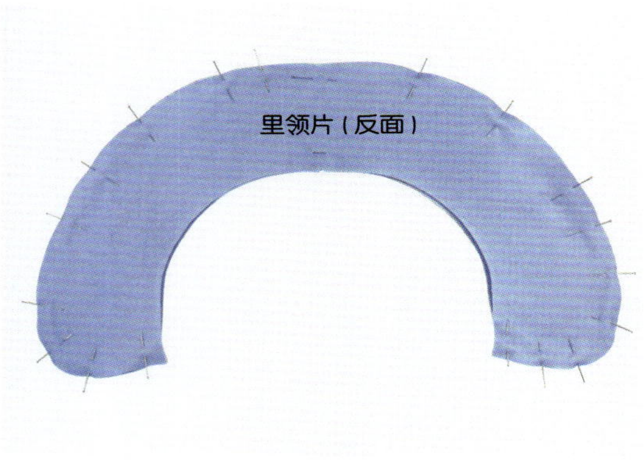

6 将表领片与里领片外缘对齐以丝针固定。由于里领片比表领片少 0.2cm，所以固定好后，会发现表领片外缘往上翘。

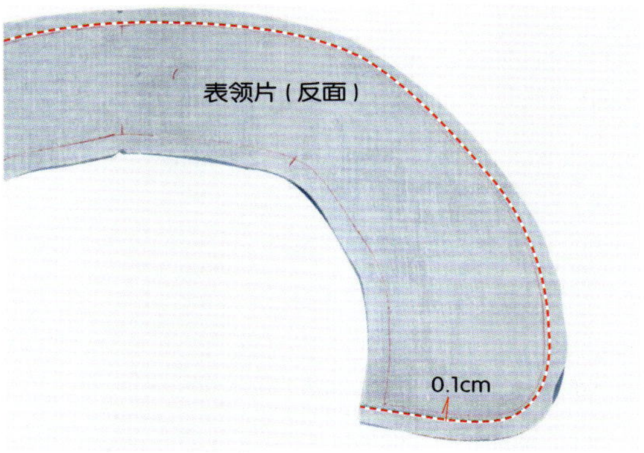

7 **车缝外领围线：**先在领子的外围记号线外 0.1cm 处车缝，内领围线不可车缝。

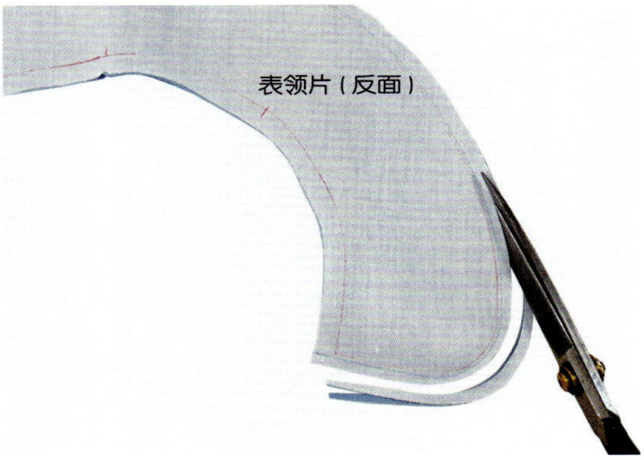

8 将外领围线外的缝份修剪掉一半。

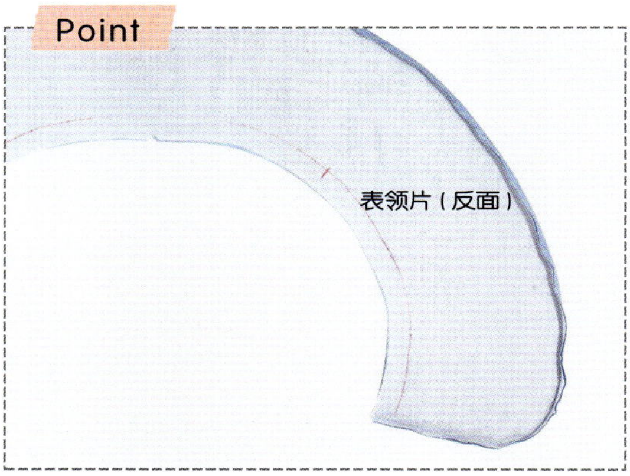

★熨烫出漂亮的弧形领子外围的小技巧：车缝好领子，将表领片反面朝上，将缝份依车缝线往贴缝方向烫。

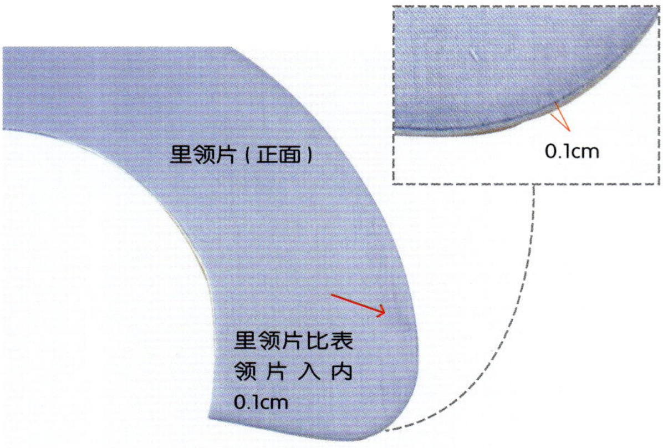

9 将领子翻至正面，表领片会被里领片往内拉入 0.1cm，形成如箭头所指的情况，即里领片边缘线往内入 0.1cm。

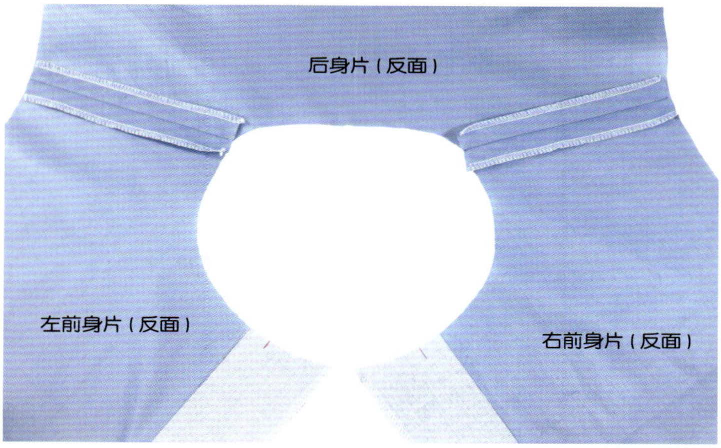

10 前、后身片正面相对，将肩线对齐，依缝份记号车缝，并将缝份摊开烫平整。

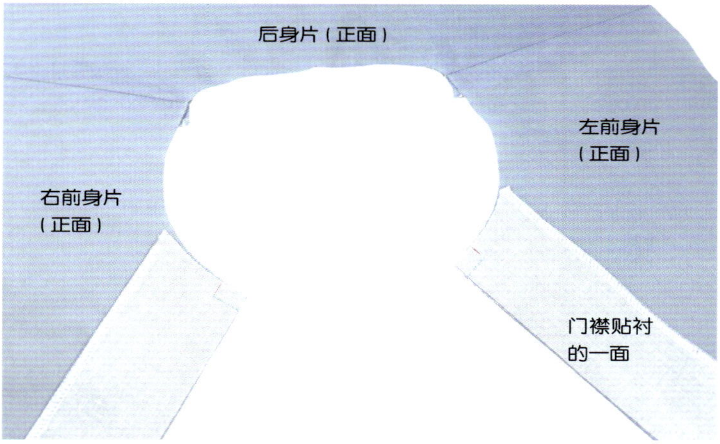

11 将衣身正面向上，再将门襟贴衬处翻折至正面。

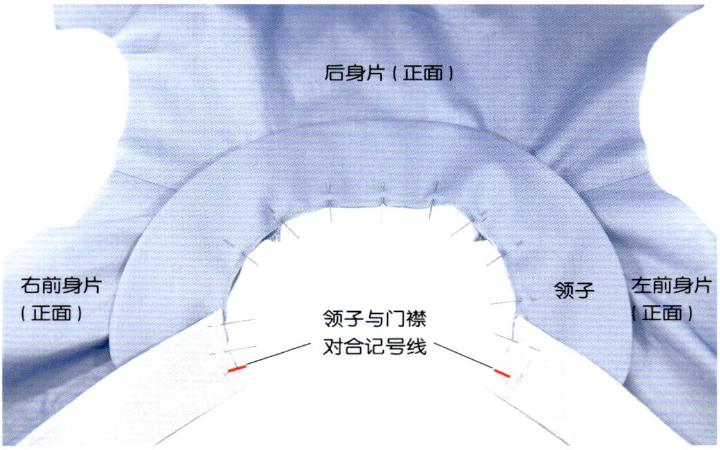

12 先在内领围线处车缝一道，以固定表、里领片。再将领子与左、右前身片和门襟对齐，领子与衣身的领围线要对齐。★**注意：领子须依门襟记号线，与门襟对齐固定。**

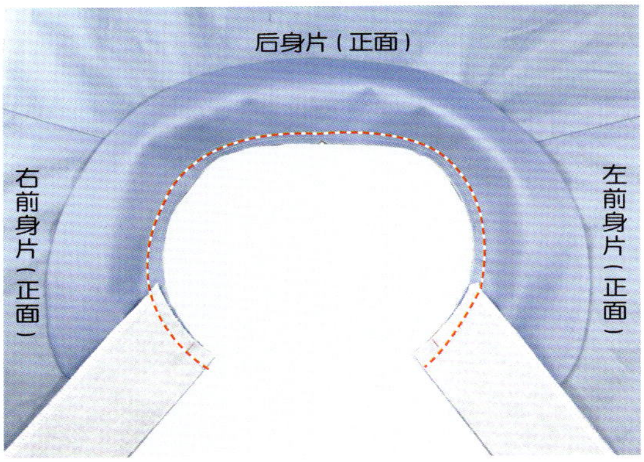

13 将领子依缝份记号线车缝内领围线。

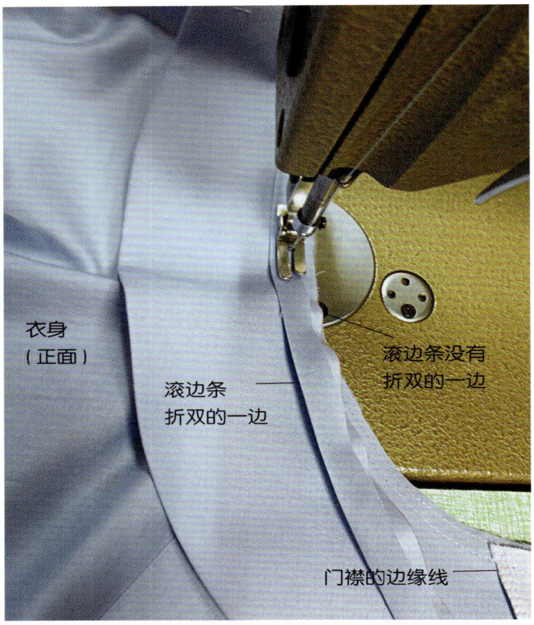

14 如图将滚边条（未折双的一边）对齐内领围线，车缝 1cm，滚边条在起点与终点皆要盖过门襟的边缘线 2cm。

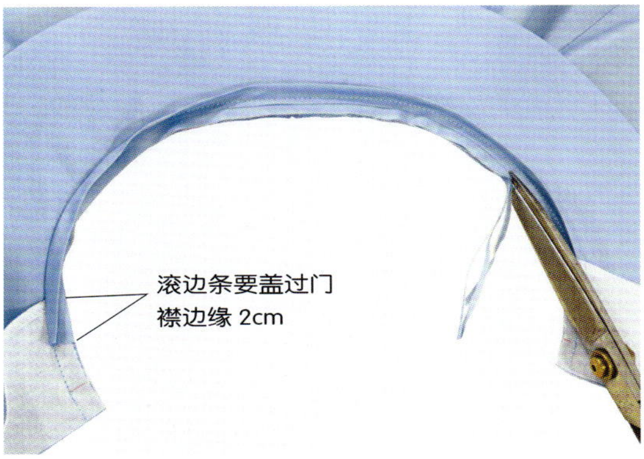

15 滚边条与领围缝份车缝好后，再如图将缝份剪去一半。

16 如图将滚边条折双处倒向衣身，再于折双处临边压缝 0.1cm。

【滚边条的尺寸算法与制作】

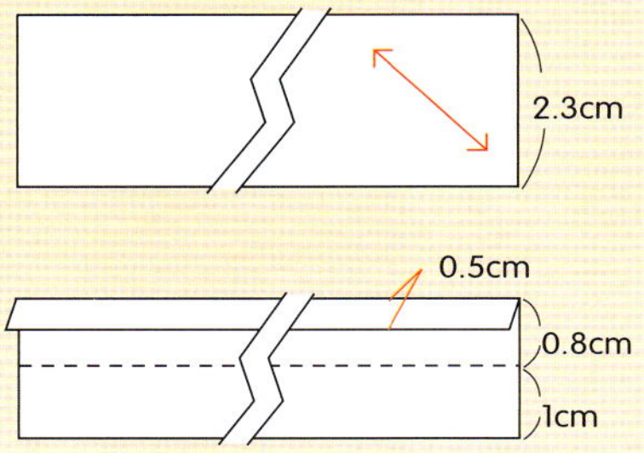

17 车缝完并整烫后，即完成领子的车缝。

18 将前、后身片的胁边，依缝份记号车缝接合起来，并烫开缝份。

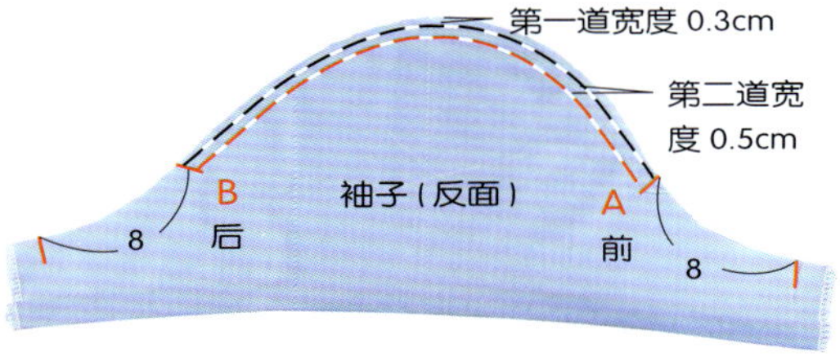

19 **缩缝袖山线：**从距离前袖窿线8cm 处的A点起，沿着袖山线至B点，以大针距车缝两道线，第一道宽度0.3cm，第二道离第一道0.5cm，从前袖车缝至后袖的缩缝线不可断。

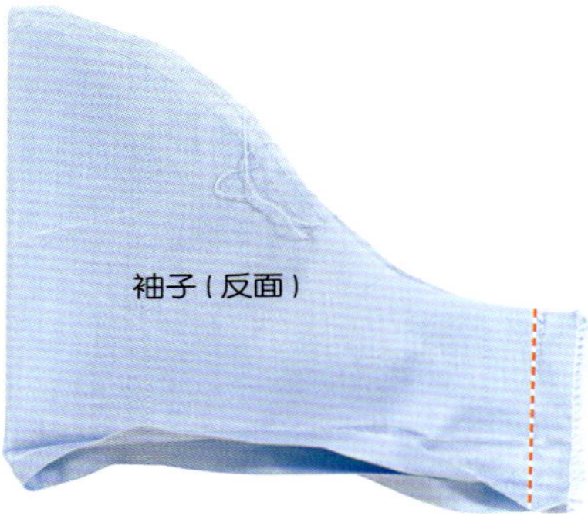

20 车缝袖子胁边的缝份。

21 先将袖子胁边缝份烫开，再将袖口缝份往上烫好。

★拉缩缝线：手拉缩缝线时，两条线的进度要一致，若由上线开始拉，则要从头至尾都拉上线，不可一下拉上线一下拉下线，这样会将线卡住，无法继续拉。

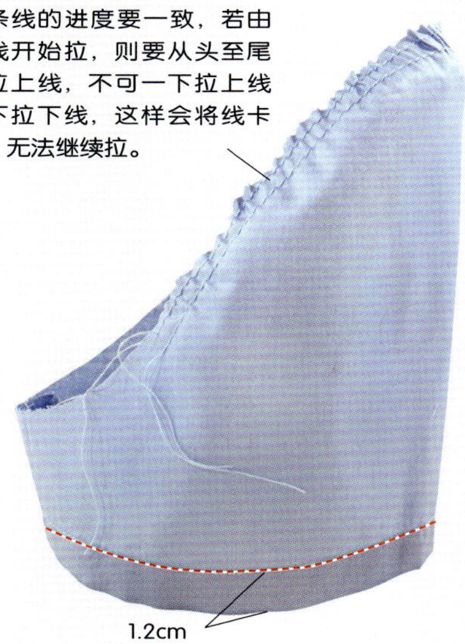

22 先于袖口处压缝1.2cm，再用手拉缩缝线，以塑造袖山立体感造型。

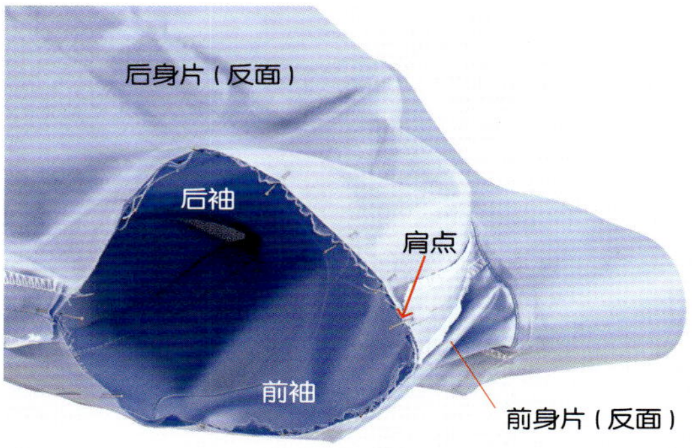

23 再将袖子的袖山点对准衣身的肩点，以丝针将身片与袖子固定好。

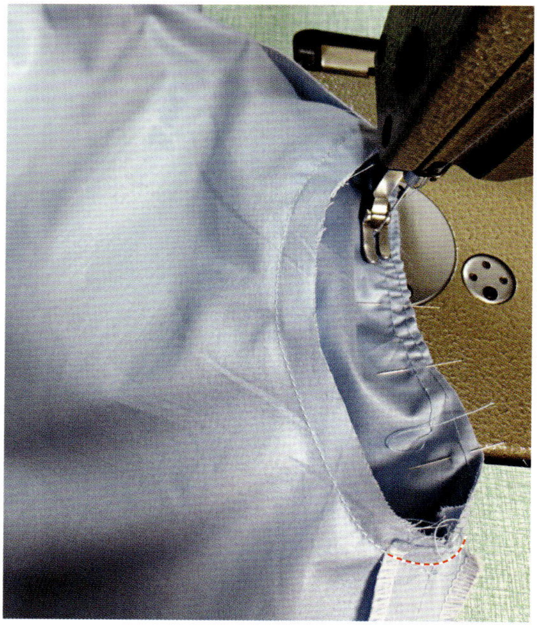

24 车缝袖窿线，共车缝两道。**★车缝出漂亮的袖窿线的秘诀：衣身放在下面，袖子放在上面车缝袖子，如此可随时调整袖山褶份，容易塑造漂亮的袖形。**

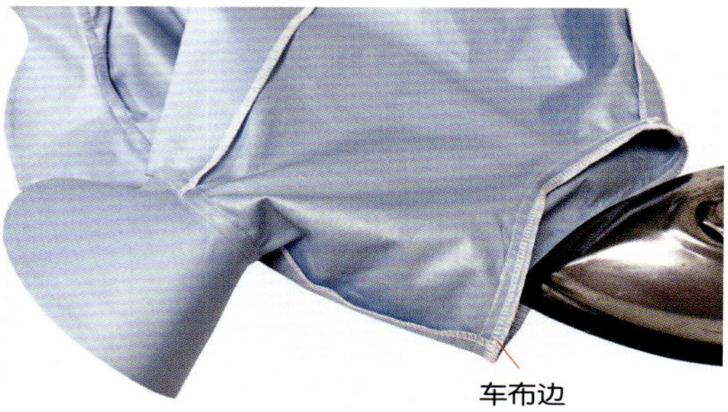

25 袖窿车缝完后，再由内整烫袖子缝份。

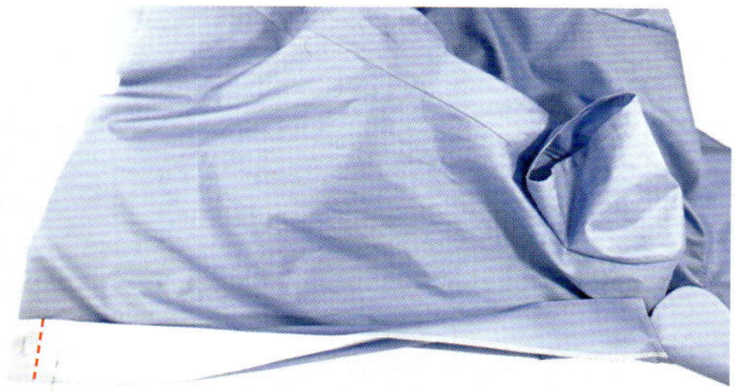

26 门襟下摆处由内往上翻折，并如图依记号线车缝。

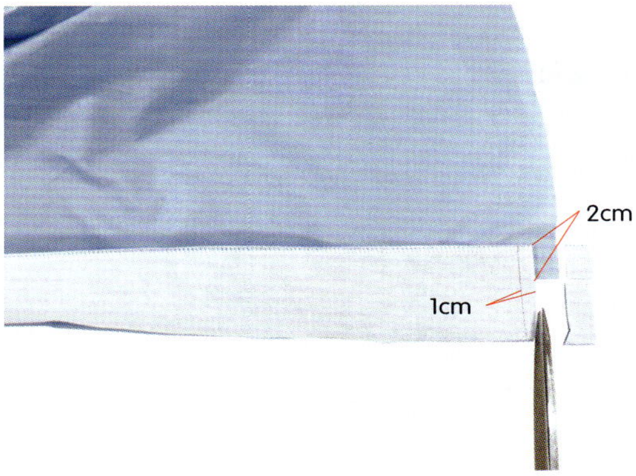

27 再依图示尺寸修剪车缝好的门襟下摆。

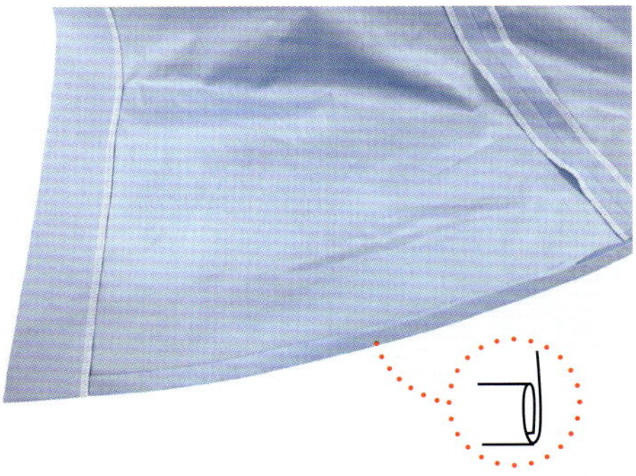

28 将下摆缝份正面翻折过来，并将下摆缝份烫成两折三层，下摆由正面压缝 1.2cm。

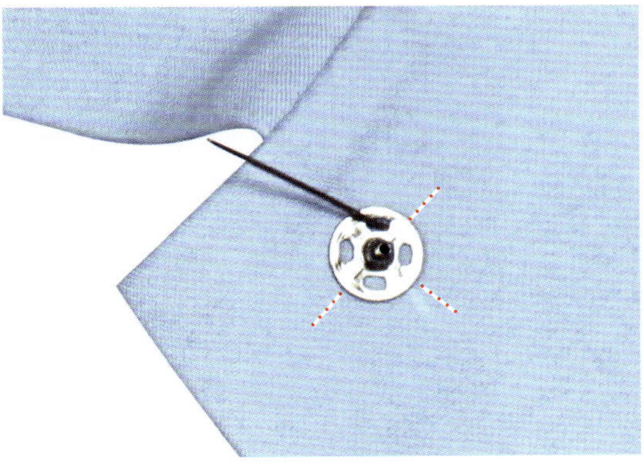

29 **缝按扣的凸扣：**将按扣中间凸起处对准扣子的记号，即图中十字中心。针从门襟的反面进入，穿出门襟与凸扣的孔，线结藏于门襟反面。

30 将针拉出后，从扣孔穿入，再穿回孔中，以绕缝的方式缝扣孔，凸扣若要与凹扣扣紧，不可增加扣面的高度，因此缝的每一针均不打结，且只能稍稍挑起布上一两根纱线，表面不可看到缝线。如此反复，每个孔缝 3 针。

31 缝到最后一个孔后，如图将针穿到贴边的反面，并在反面打结，即完成凸扣的缝制。

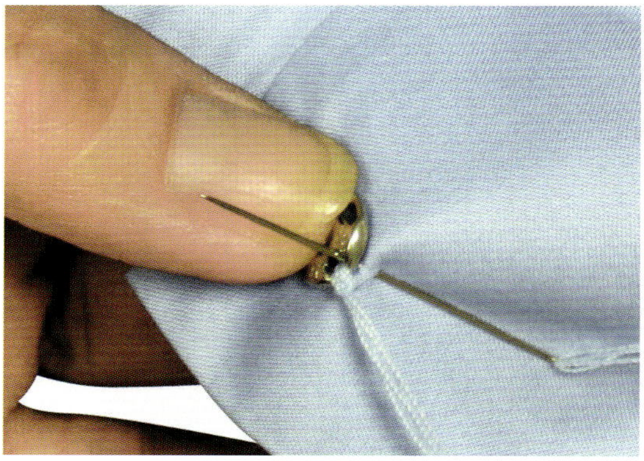

32 **缝按扣的凹扣**：凹扣依记号位置放置，起针与凸扣一样，从门襟的反面穿出正面（针不要完全穿出）。

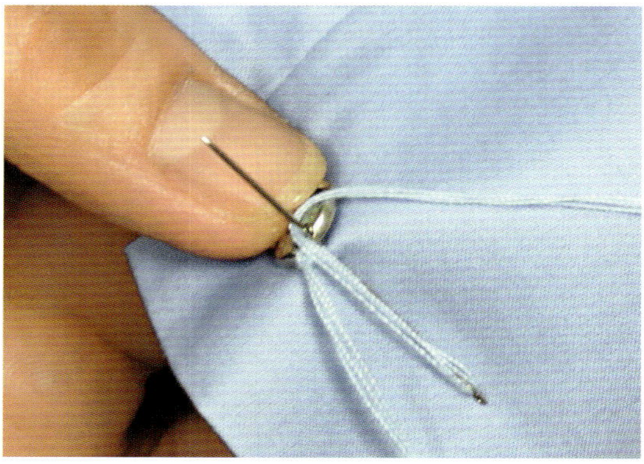

33 将针尾的线由右向左绕过针尖。

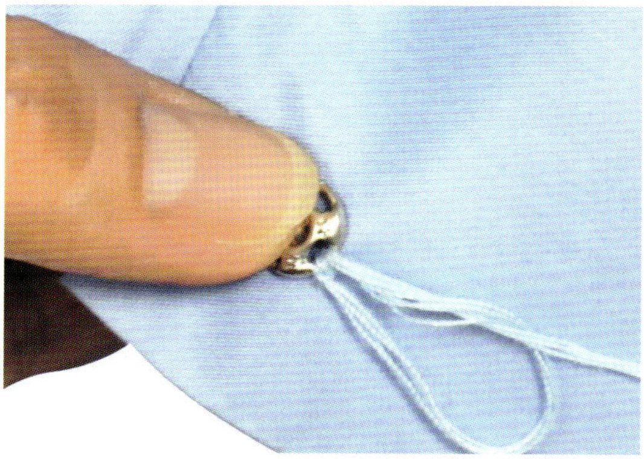

34 针往按扣的反方向拉，如图将线拉紧，会在每一针出现一个立体结。凹扣可以这样做，是因为扣面有凹槽。当然，也可以采用钩扣的结法，两者都有结，只是这种有立体感。

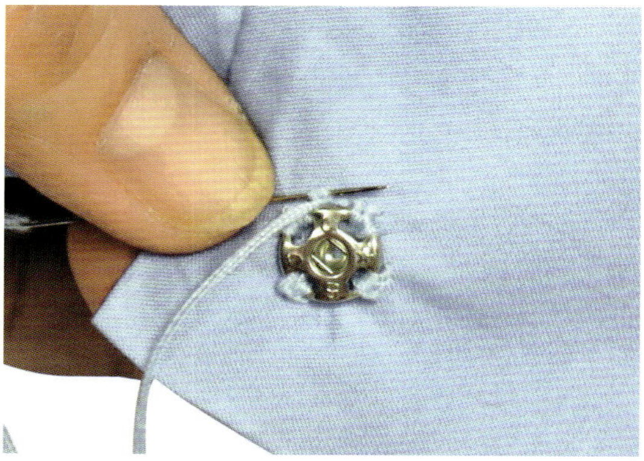

35 每个孔可缝 3 针，缝完所有的孔后，在最后的孔外打结。

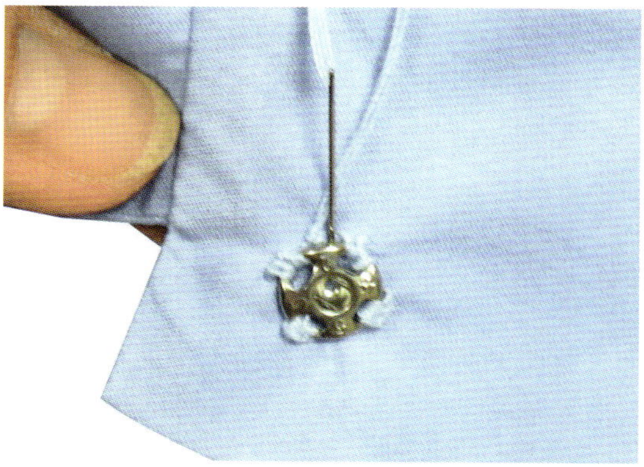

36 如图将针由孔的边缘斜穿到后面，线再从后面剪掉。剪线时，线要稍拉紧。如此就可将线结藏在按扣的反面。

37 整烫即完成。**★下摆要先缩烫后，再烫三折，会较好烫。缩烫的方法可参考 P.45 步骤 27 裙子下摆的缩烫方法。**

裤子的制作

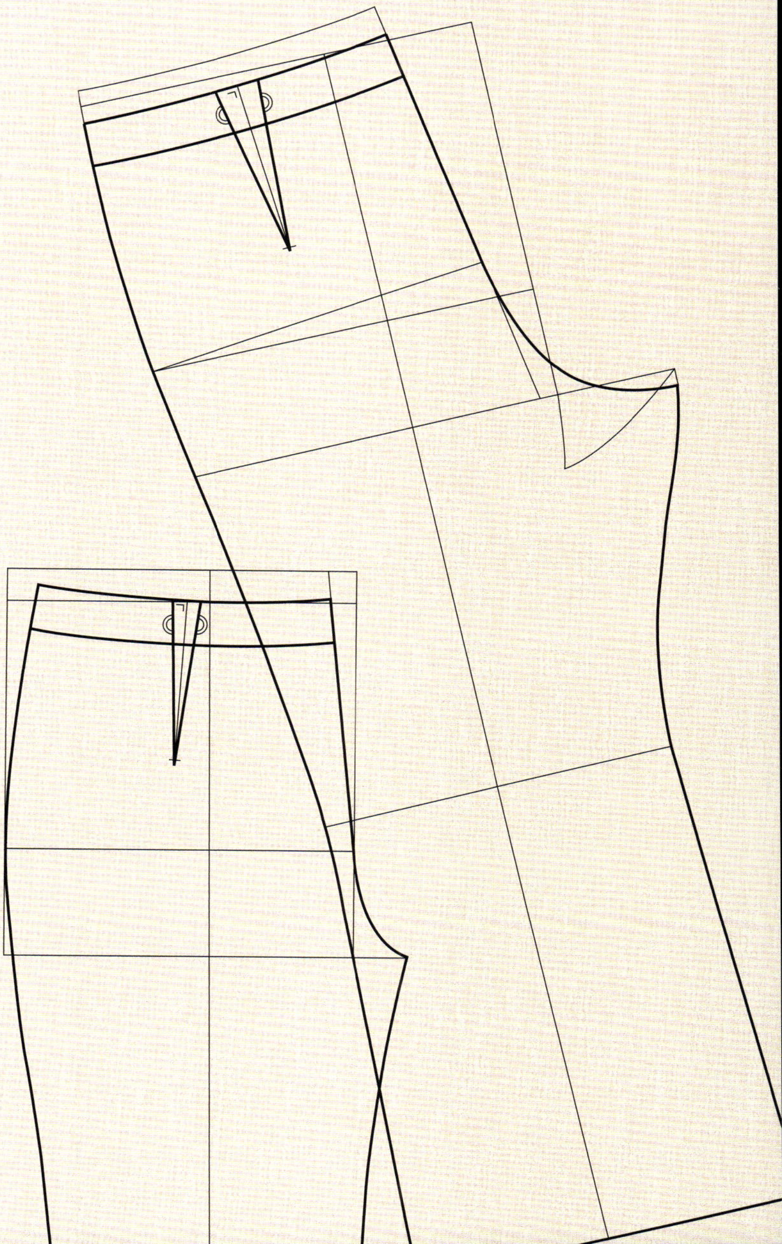

示例

八分喇叭裤

此款八分喇叭裤，前、后各有两个褶子，简单利落，充满现代感。通过此款裤子的制作，缝制者可学习到裤子的缝制流程，以及裤子前中心拉链门襟、腰剪接片与裤身车缝技巧，也可学习到喇叭裤膝围线处的股下内外线的烫拔，使喇叭裤更有立体感。

Bell-bottom Trousers

式样图

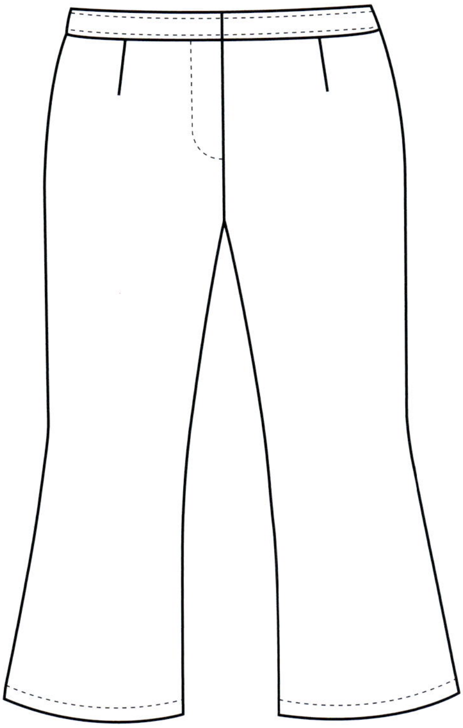

前面

后面

材料表

名称	规格	单位	数量
表布	中厚 T/C 斜纹素面布 幅宽 147cm，长 105cm		
衬布	薄胶衬		
副料	裤钩	副	1
	拉链 18cm	条	1

制图

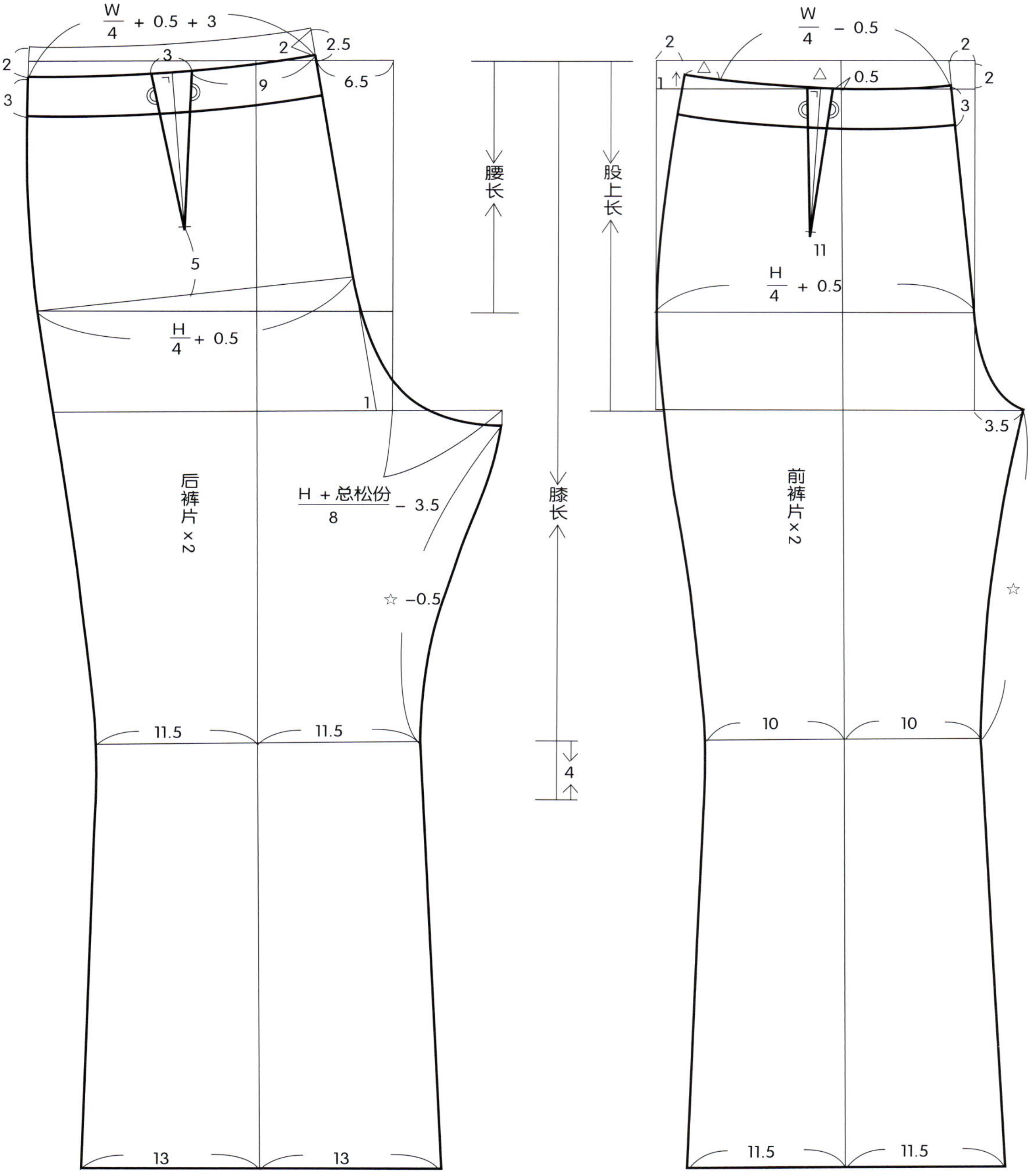
W/4 + 0.5 + 3
2
2.5
2
3
3
9
6.5
5
H/4 + 0.5
1
腰长
股上长
膝长
4
后裤片×2
(H + 总松份)/8 − 3.5
☆ −0.5
11.5
11.5
13
13
W/4 − 0.5
2
2
1
△
△
0.5
2
3
11
H/4 + 0.5
3.5
前裤片×2
☆
10
10
11.5
11.5

衬布的裁剪

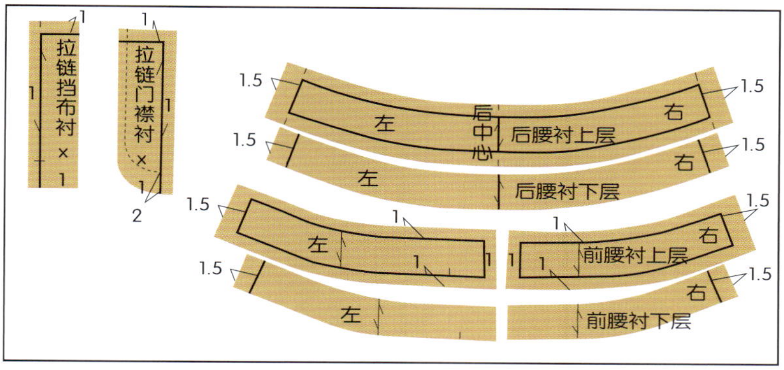
拉链挡布衬 ×1
拉链门襟衬 ×1
1
2
1.5
左
右
后中心
后腰衬上层
后腰衬下层
前腰衬上层
前腰衬下层

排版

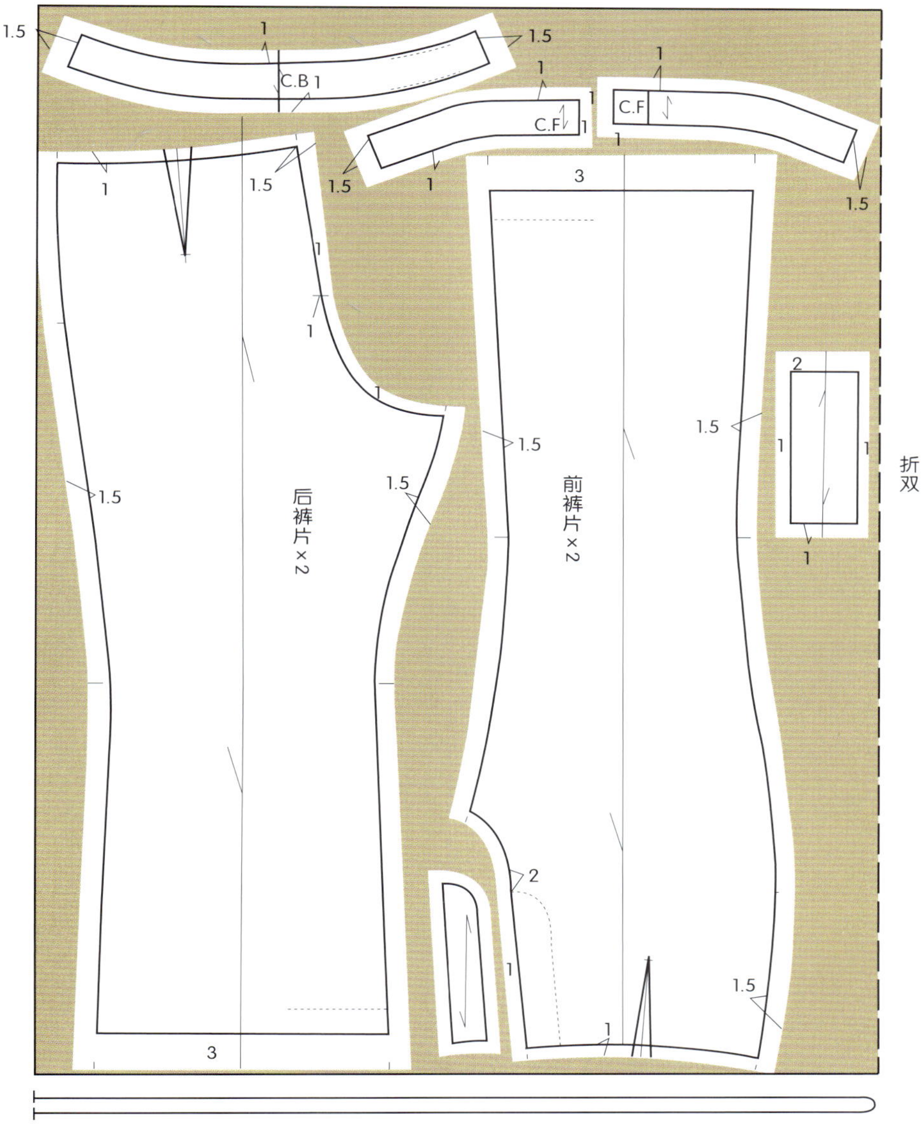
1.5
1
C.B
C.F
3
2
后裤片×2
前裤片×2
折双

制作方法

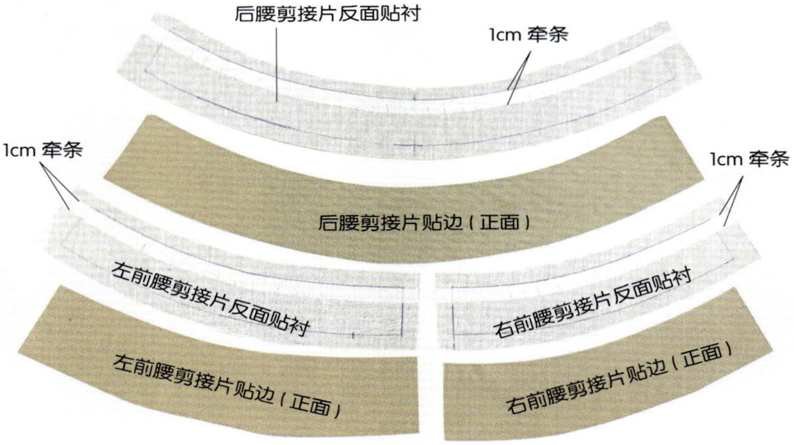

1 前、后腰剪接片反面要贴衬，并在腰围处贴1cm 牵条。腰围弯曲处，牵条要剪牙口，剪在内侧，而非剪在靠近腰围线处。**★贴牵条的方式，请参考 P.38 步骤 1。**

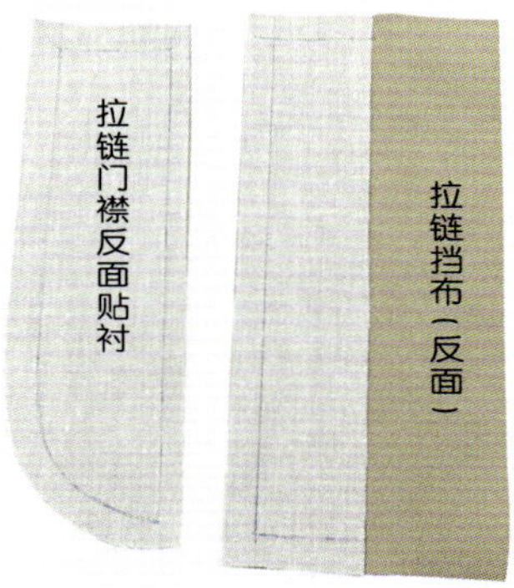

2 如图将拉链门襟与拉链挡布贴衬。

3 拉链挡布下摆处车缝 1cm。

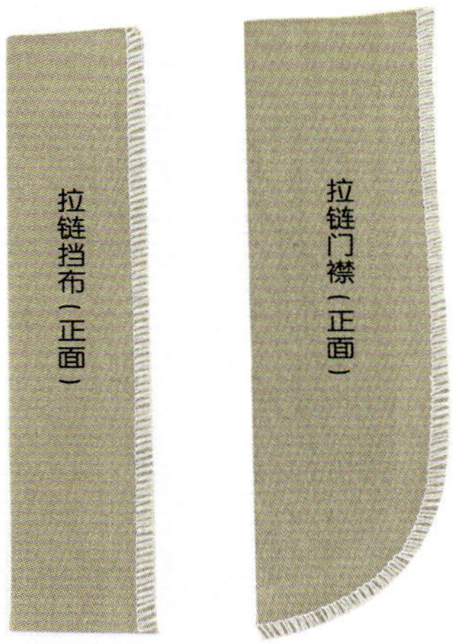

4 将步骤 3 的拉链挡布翻至正面，并烫平整。再如图将拉链门襟与拉链挡布的一部分外围车布边（锁边）。

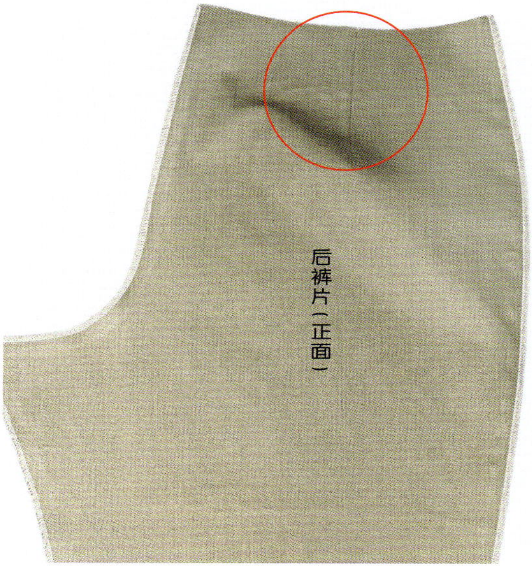

5 车缝后裤片的腰褶，并整烫平整。

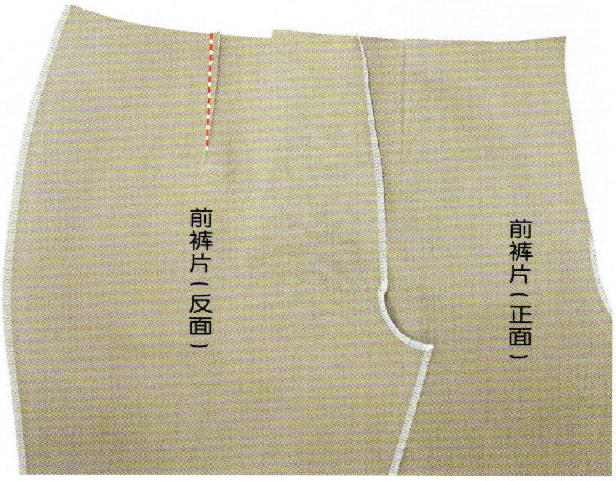

6 车缝前裤片的腰褶，并整烫平整。

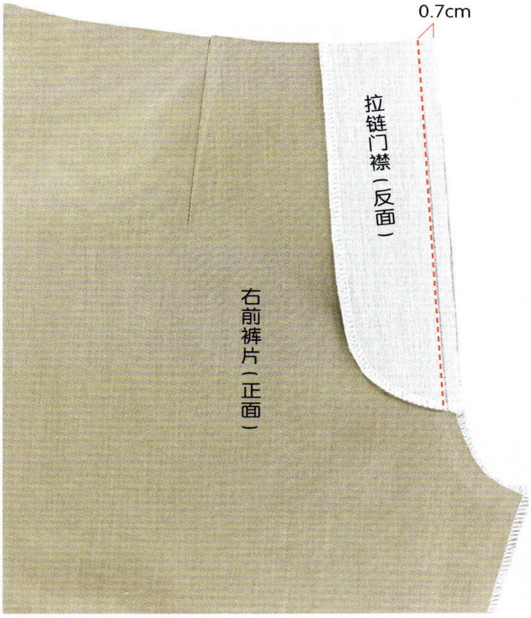

7 将拉链门襟与右前裤片的前中心正面相对，车缝0.7cm。

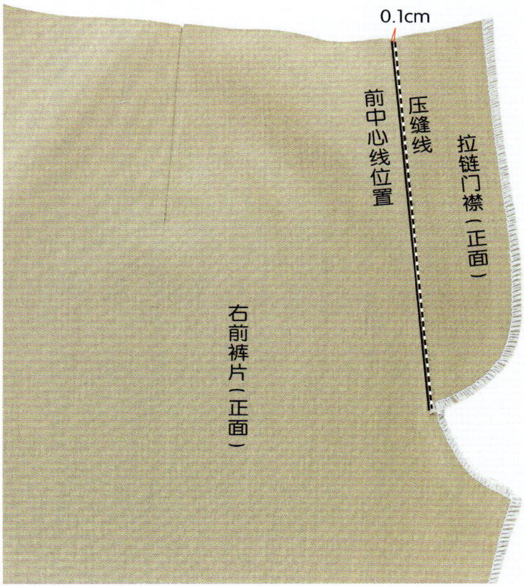

8 再将拉链门襟倒向前中心，并于前中心线内压缝0.1cm。

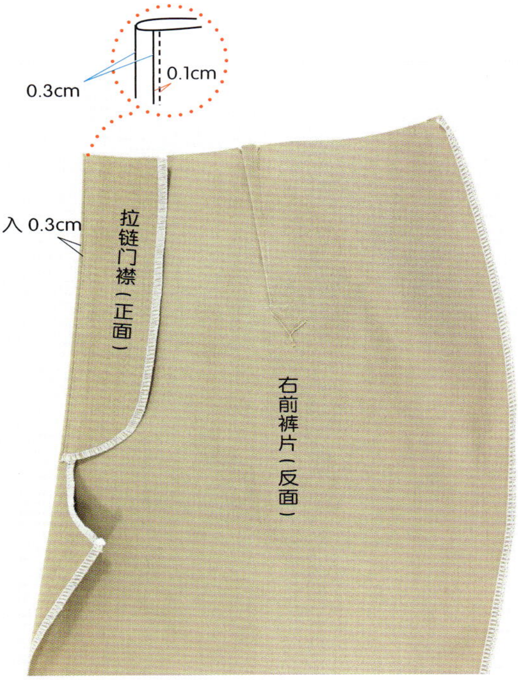

9 整烫前中心，使拉链门襟入前裤片中心线 0.3cm。

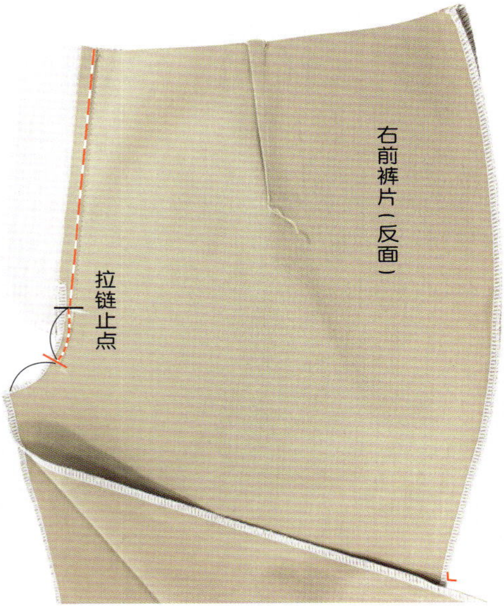

10 如图将左、右前裤片正面相对，车缝中心线。
★拉链止点以上车缝大针距，由腰围线往下车缝。拉链止点以下，以一般针距，先回缝 3 针，只车缝到红线的位置，并车缝两次。

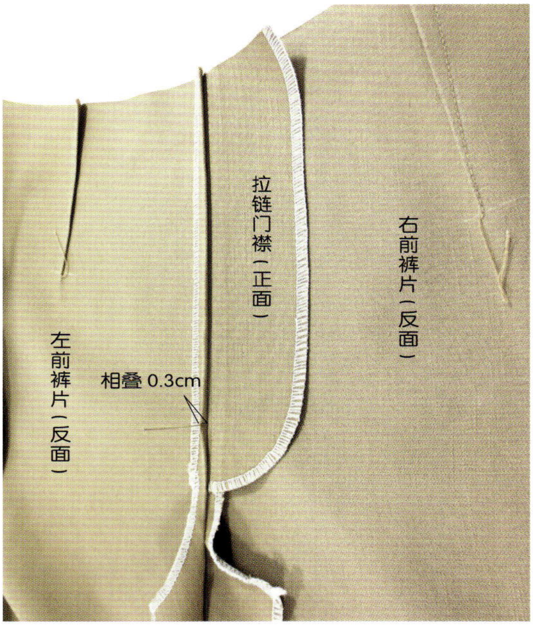

11 **整烫前中心拉链门襟与缝份：**将左前裤片和右前裤片的反面向上，整烫左前裤片缝份时，使其倒向拉链门襟 0.3cm，再折回左前裤片，即左前裤片中心的缝份与右前裤片中心的拉链门襟相叠 0.3cm。

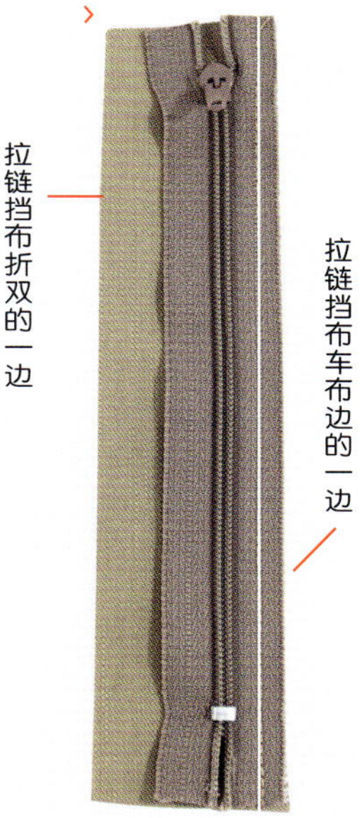

12 如图将拉链最上缘与拉链挡布没车缝的一边对齐，而拉链挡布车布边的一边与拉链对齐车缝。

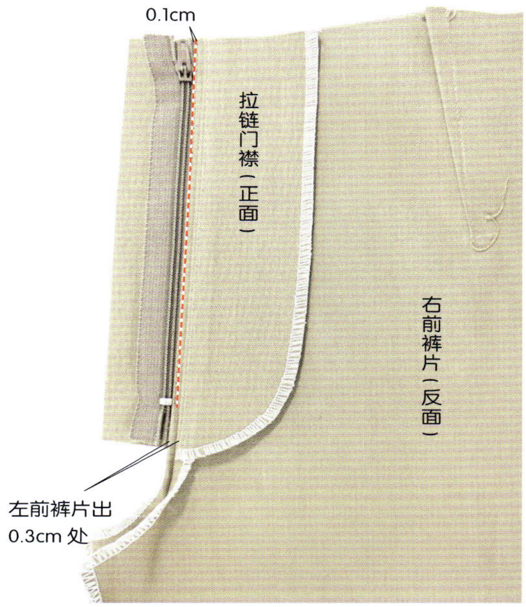

13 将右前裤片反面向上，将拉链齿边缘对齐左前裤片倒向右前裤片的 0.3cm 处，并车缝 0.1cm。

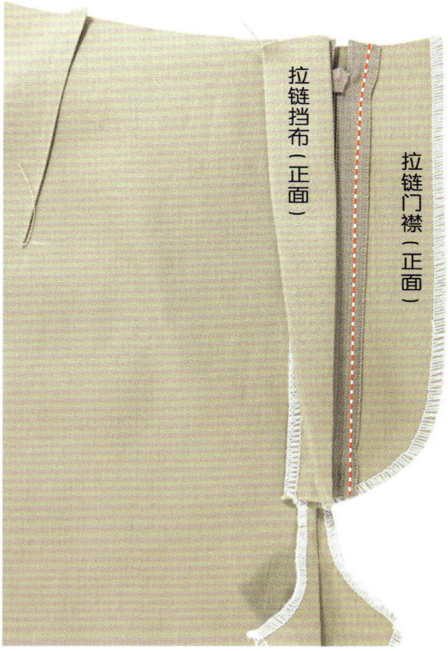

14 如图将拉链未车缝的一边倒向拉链门襟，并将拉链与拉链门襟车缝在一起。

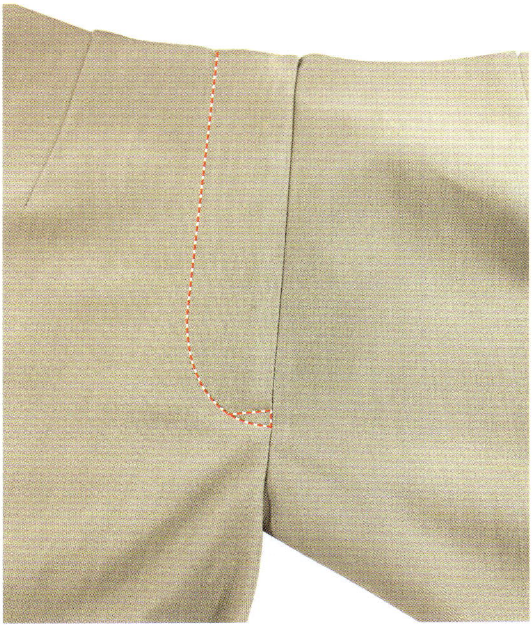

15 如图将裤身翻到正面，压缝拉链门襟装饰线。
★压缝直线时，要先将下面的挡布移开，当要压缝下面弧线时，再将挡布恢复到原来的位置一起压缝。

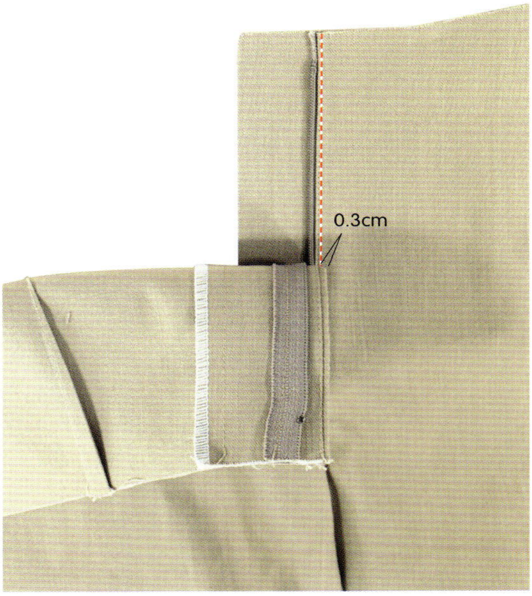

16 拆除拉链门襟中心线原先所车缝的大针距缝线，即完成拉链车缝。由图可见，左前裤片中心线往内移 0.3cm。

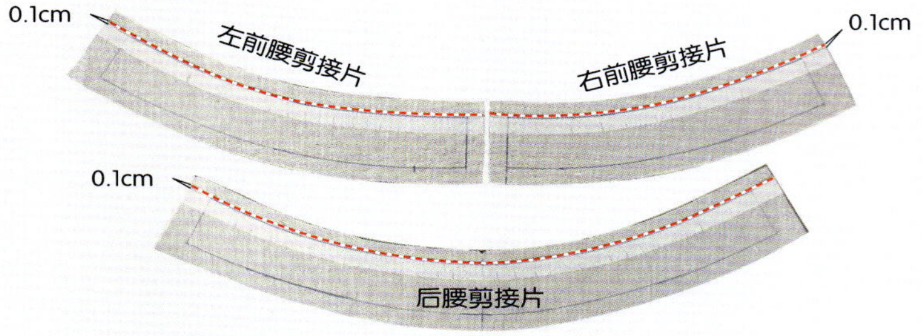

17 **车缝前、后腰剪接片：**将前、后腰剪接片与前、后腰剪接片贴边腰围线对齐，在牵条边缘线外0.1cm车缝。

18 将步骤17车缝后的缝份剪去一半。

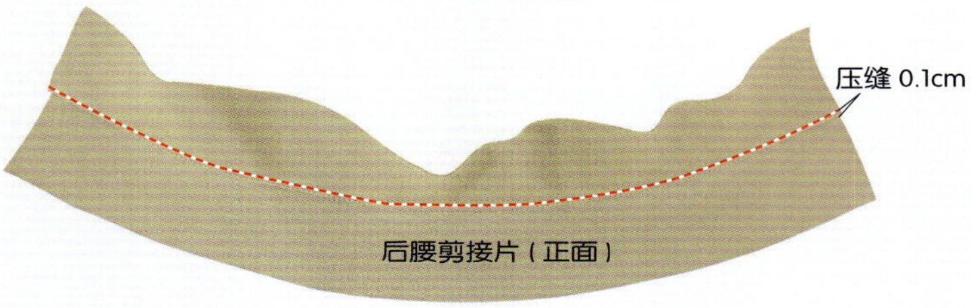

19 后腰剪接片正面向上，将缝份倒向后腰剪接片贴边，在后腰剪接片接缝线处，向贴边方向压缝0.1cm。

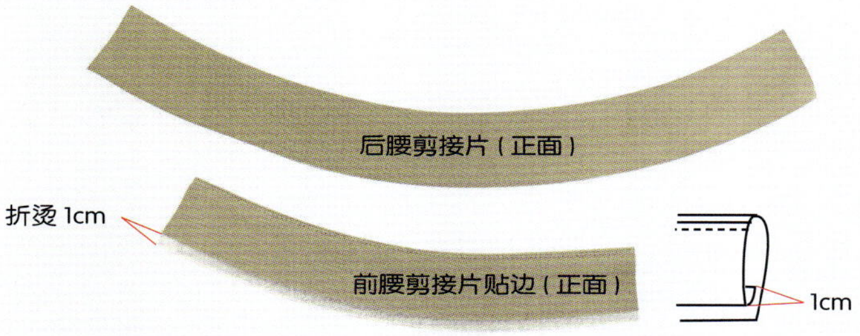

20 **整烫前、后腰剪接片：**如图将前、后腰剪接片和贴边下缘缝份均往内折烫1cm。

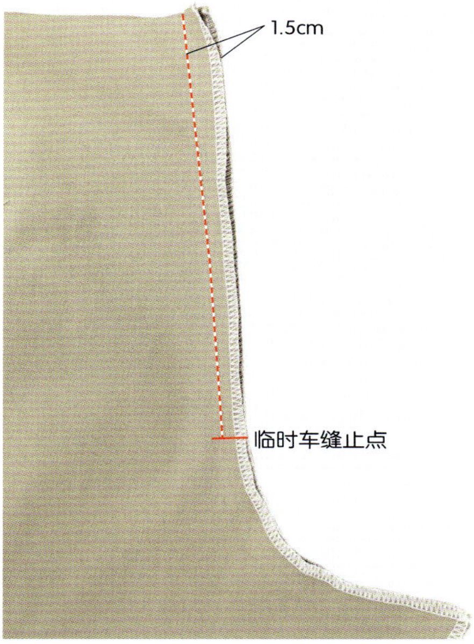

21 将左、右后裤片对齐，依记号线车缝到临时车缝止点，须车缝两道。

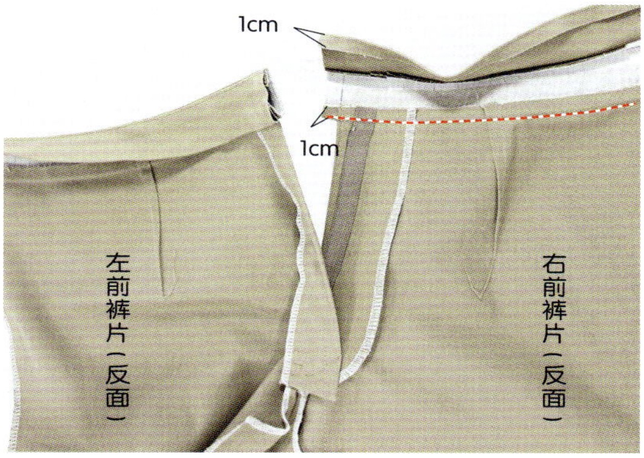

22 如图将左、右前腰剪接片的正面相对夹住裤腰（前中心处不可对齐，须留 1cm 缝份），腰围线车缝 1cm。车缝完后，须将缝份烫向前腰剪接片。

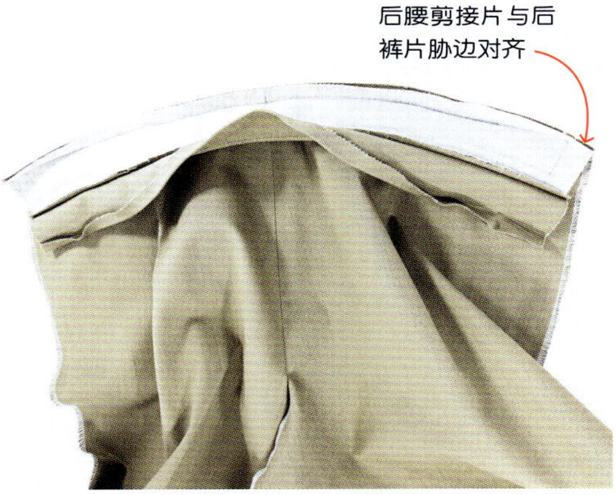

23 后腰剪接片车缝方法与前腰剪接片相同，只是在接缝时，两胁边处不可留缝份，要对齐。

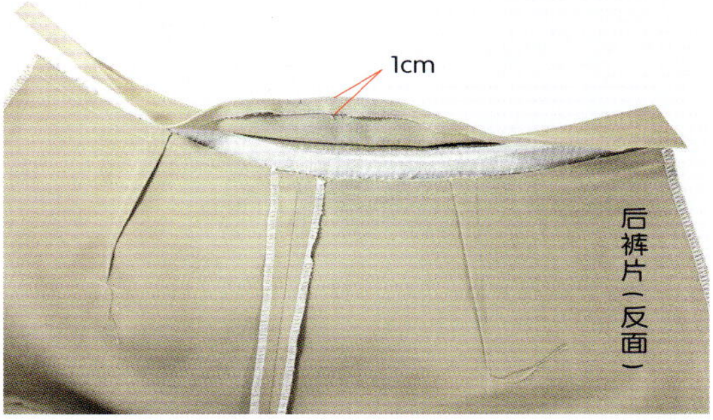

24 后裤片缝份烫向后腰剪接片。

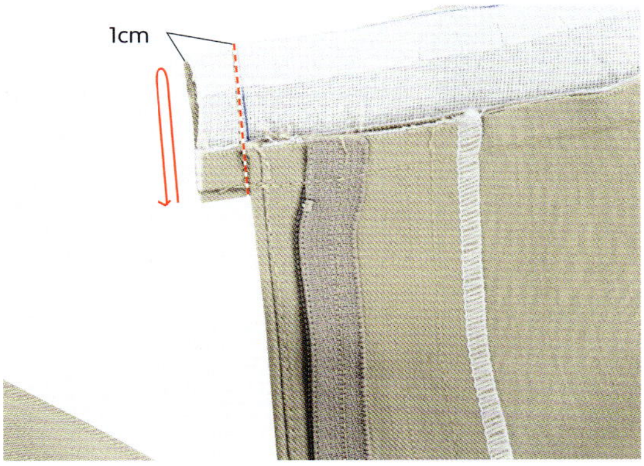

25 如图将前腰剪接片贴边向后折于前腰剪接片的后面，并沿着拉链中心线外 0.1cm 处车缝。左、右前裤片的腰部剪接片中心边缘处，皆如此处理。

26 如图剪去步骤 25 车缝好的前腰剪接片中心处多余的缝份。

27 如图将腰部剪接片的缝份翻转到里面，再整烫平整。

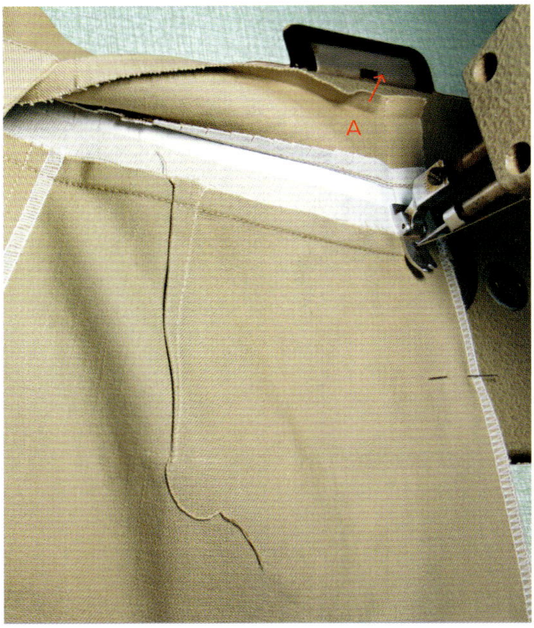

28 前、后裤片肋边对齐，由图中最顶端的 A 往下车缝到裤脚处。★**车缝时，须注意对齐前、后腰剪接片的剪接线。**

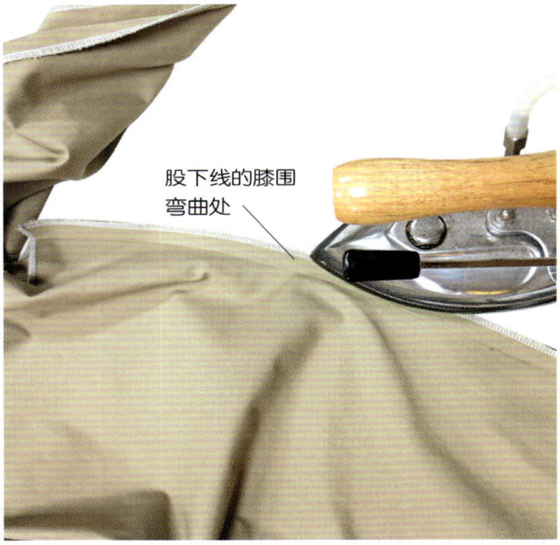

29 此件裤子是喇叭裤，因此膝围处的外肋边缝份与内侧股下线缝份皆须烫拔。如图，将膝围弯曲处缝份烫拔。

Point

★喇叭裤膝围处完成线条要顺，较为平展，烫拔是其窍门。

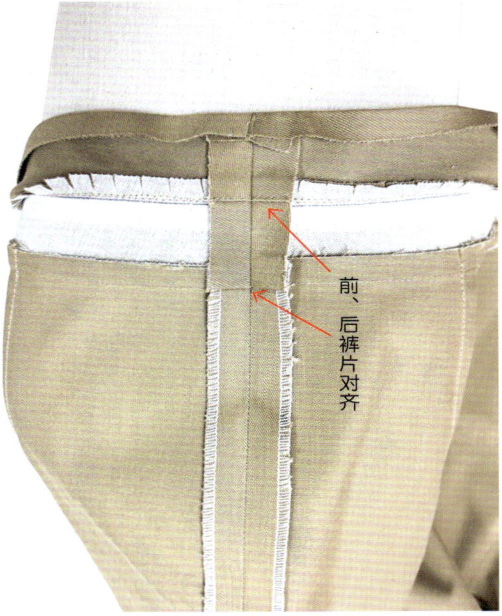

30 如图将胁边与股下线缝份烫开。

31 如图将一条裤管反转至正面，套入另一条反面的裤管内。

32 从步骤 10 的拉链止点开始车缝至步骤 21 的临时车缝止点，且要车缝两道。

33 烫拔裤裆线（由于此处接缝处较多且较弯，不烫拔的话，穿着会不舒服）。

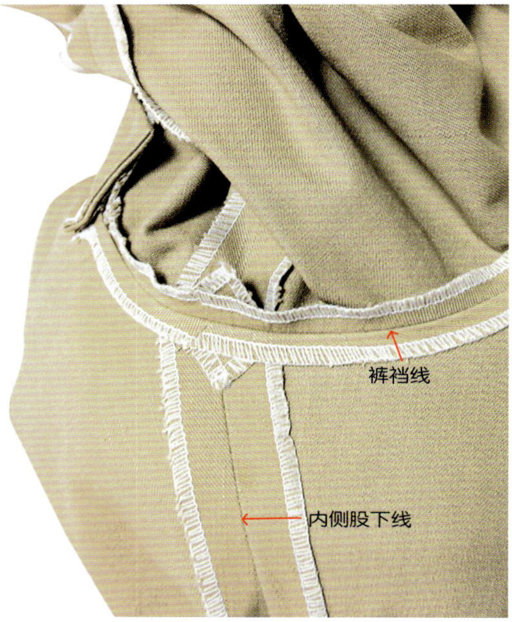

34 再将裤裆线缝份烫平。

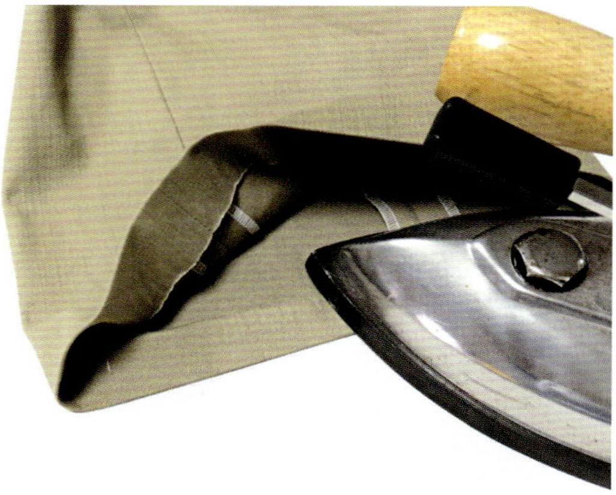

35 裤脚处缝份烫两折三层。

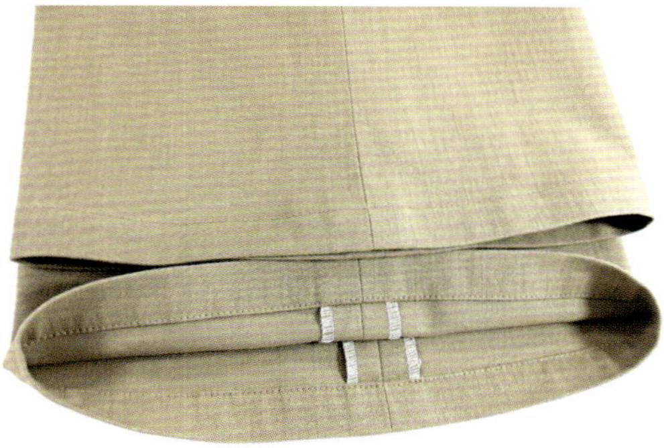

36 裤脚处压缝 2cm。

37 裤钩的母钩一般有三个缝孔，因个人习惯，从右边或左边开始缝皆可。如图是从左边开始缝，先缝到中间的孔，再缝到右边的孔。缝任何裤钩或扣子，都应将线头藏到下面。**缝法：**将线由 A 处穿出，再将针由外穿入孔中（针不要完全穿出）。

38 如图将针尾的线绕到针的下面。

39 将针往母钩缝孔反方向拉，再继续缝其他的孔。

40 如图在箭头处打结。

41 如图将针由打结处穿入，从另一边的孔穿出，再将针拉起，剪掉线。剪断线之前稍稍拉紧。如此即能将线头藏在母钩下面。

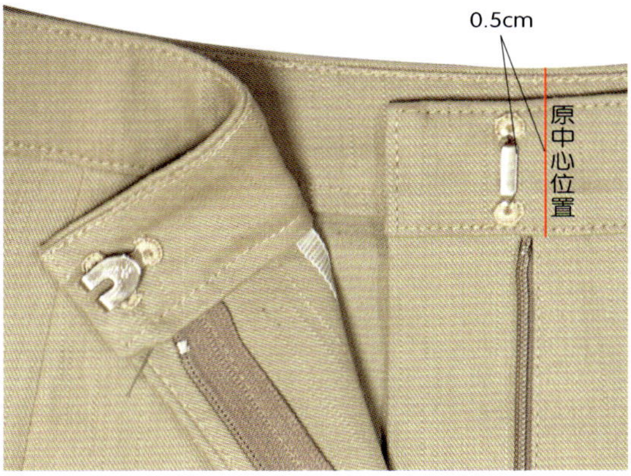

42 根据缝好的母钩将对应的子钩进行定位。子钩缝法与母钩相同。缝制完成。

43 整烫完成。

连衣裙的制作

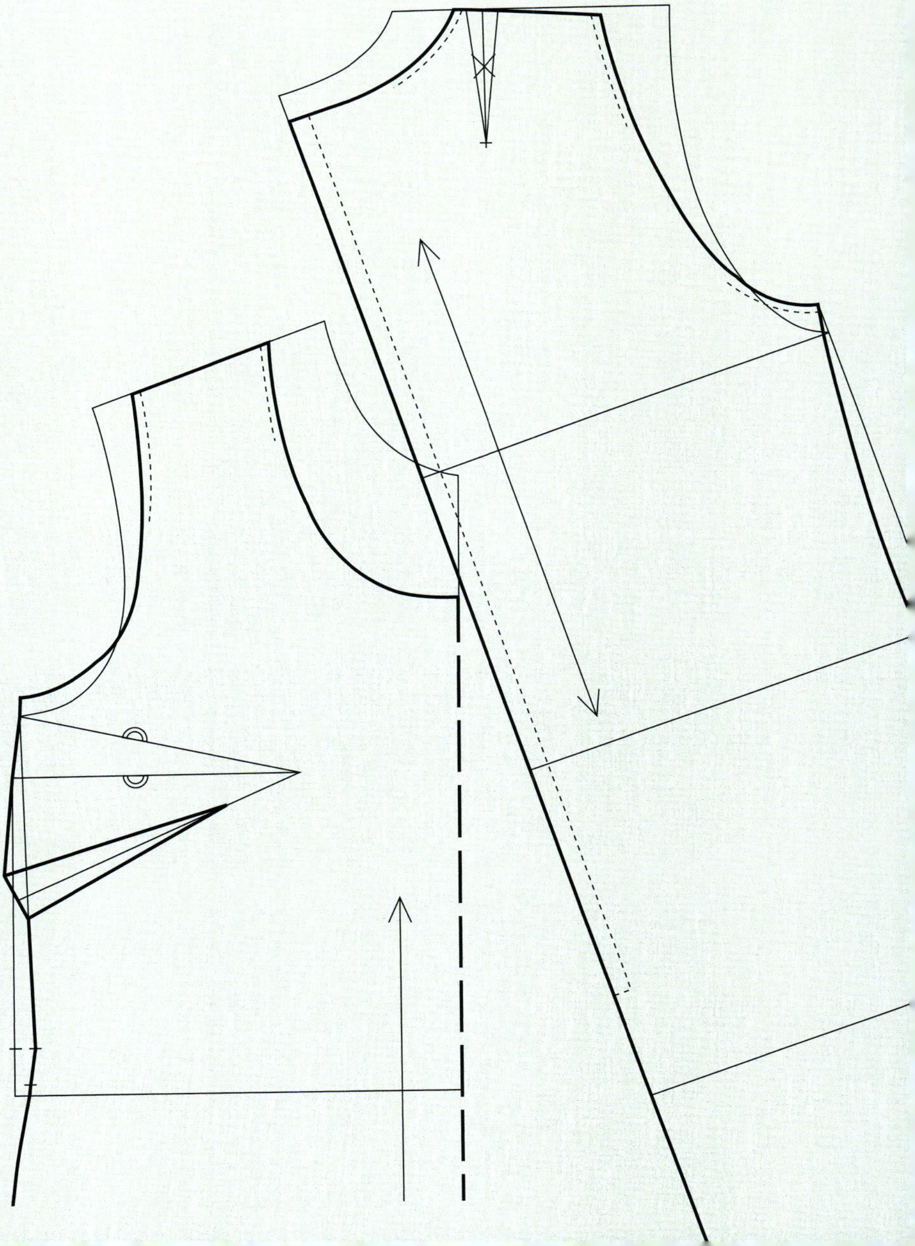

示例 无袖连衣裙

此款无袖连衣裙线条简单利落，可搭配毛衣或是衬衫，是一款可搭配多种上衣的百搭裙。通过此款连衣裙的制作，缝制者可学习到车缝普通拉链、褶子与滚边的技巧。

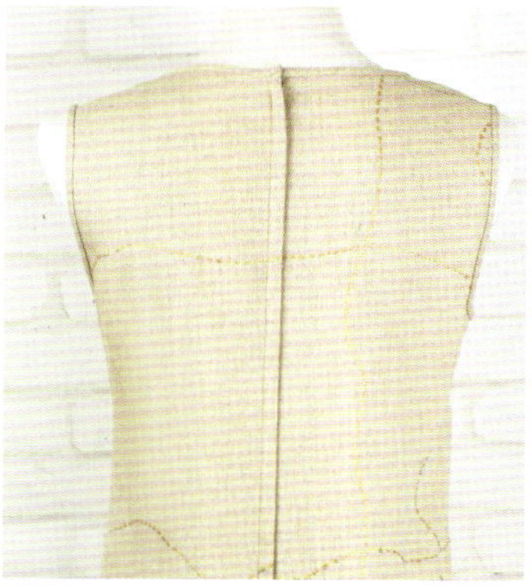

Jumper

Skirt

式样图

前面

后面

材料表

名称	规格	单位	数量
表布	中厚 T/C 斜纹素面布 幅宽 147cm，长 105cm		
衬布	薄胶衬		
副料	裙钩	副	1
	普通拉链 56cm	条	1

制图

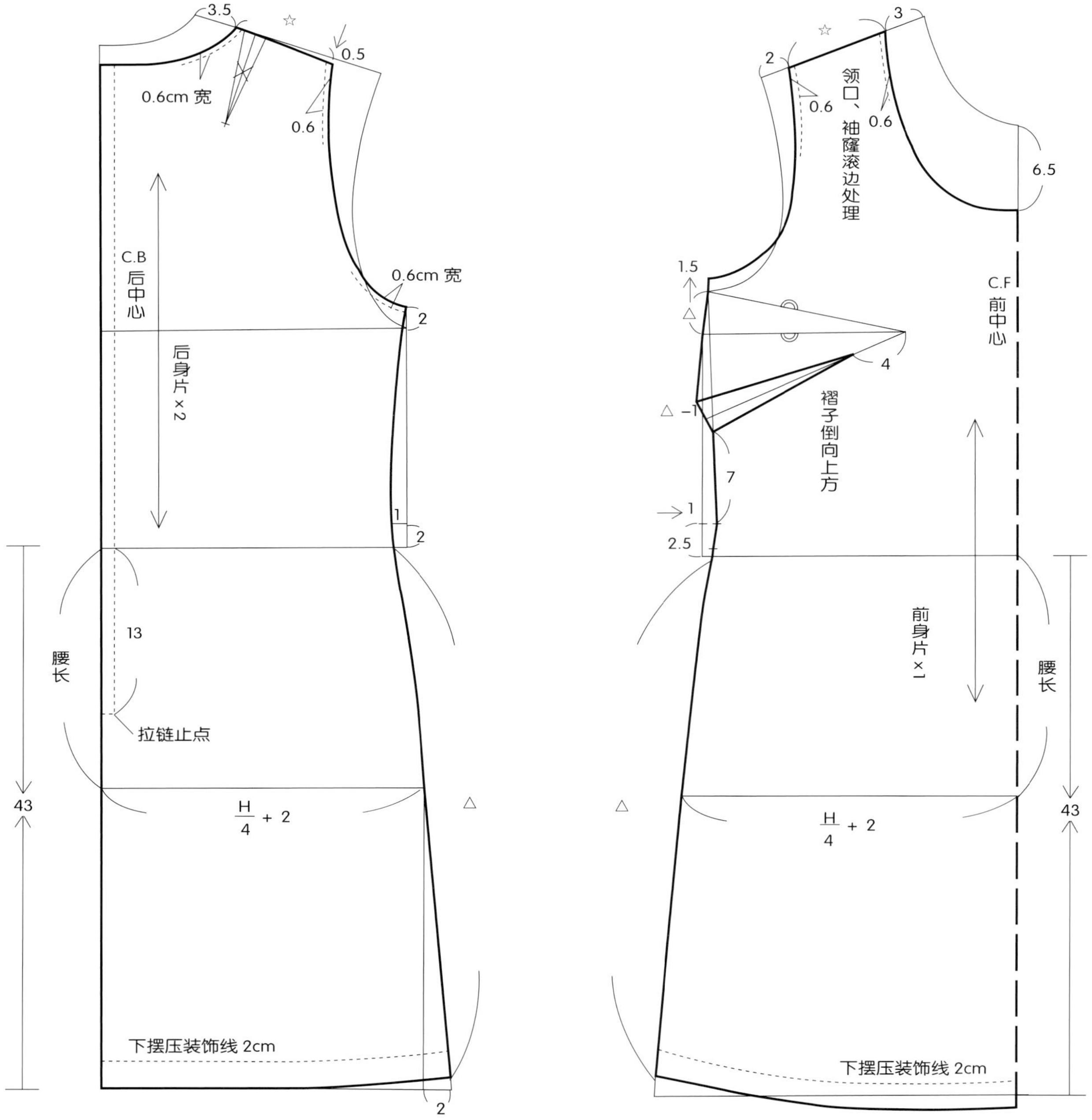
3.5
0.5
0.6cm 宽
0.6
C.B
后中心
0.6cm 宽
2
后身片×2
1
2
13
腰长
拉链止点
43
H/4 + 2
下摆压装饰线 2cm
2
3
2
0.6
领口、袖窿滚边处理
0.6
6.5
1.5
C.F
前中心
4
−1
褶子倒向上方
7
1
2.5
前身片×1
腰长
43
H/4 + 2
下摆压装饰线 2cm

排版

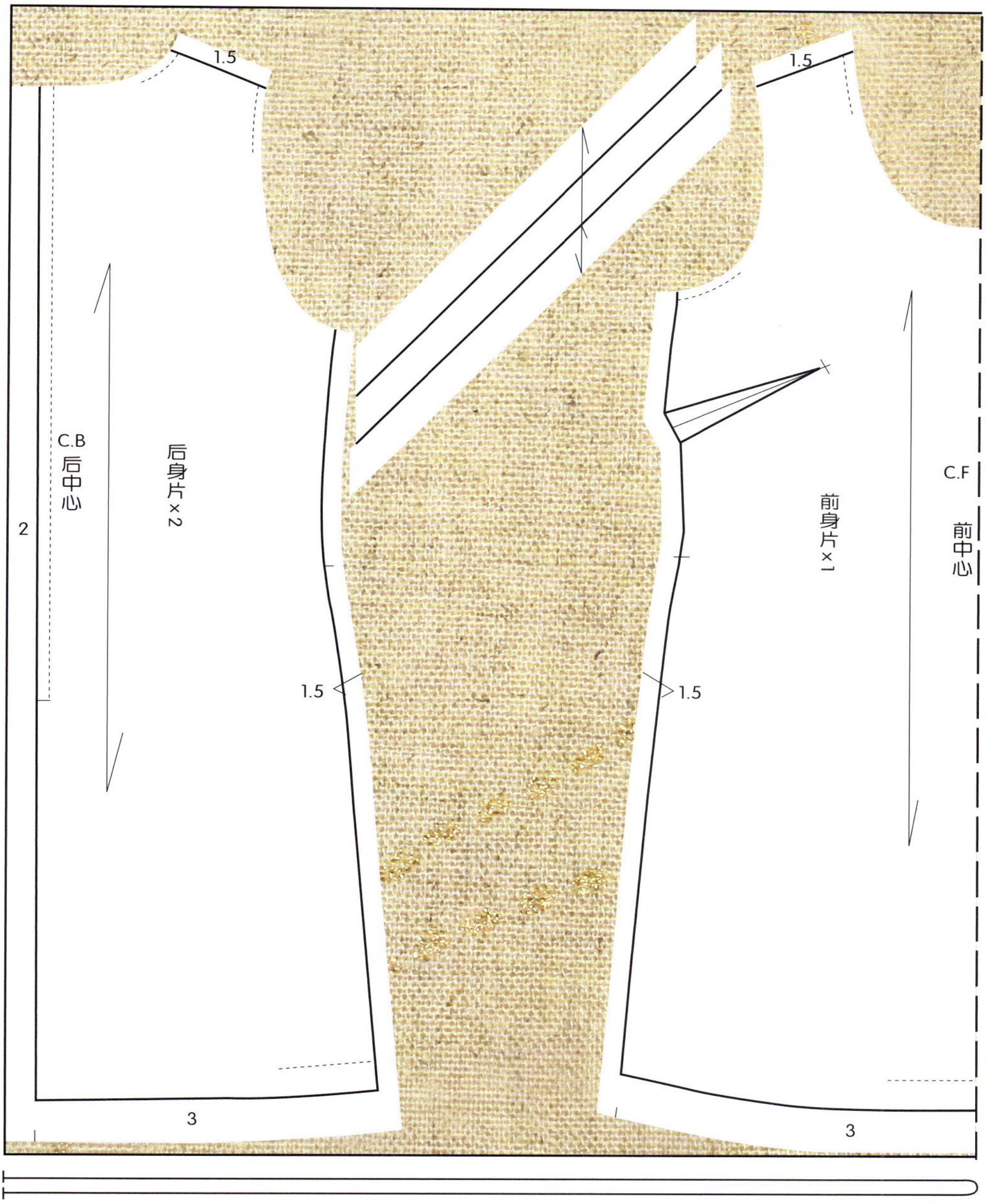

【裁剪小贴士】

滚边可接缝，但尽量不要将接缝处放在前身领口。

制作方法

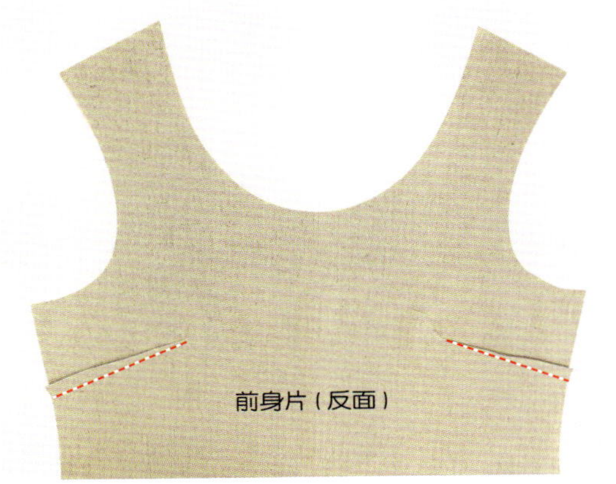

1 车缝前身片的胸褶，并将胸褶往上烫平。前、后身片车肩线，胁边车布边。

2 **车缝后身片拉链：**依后身片中心的缝份记号线，由最上端的起点，以最大的针距车缝到拉链止点。止点下，则以一般针距先车 3 针回针，再往下车到下摆，并回针。

3 将缝份烫开，并将右后身片缝份从领口起点至拉链车缝止点烫倒向左后身片 0.3cm，再折回右后身片，即拉链处的右后身片缝份与左后身片的缝份重叠 0.3cm(如图中丝针所别之处)。

4 如图从左后身片的反面，将右后身片中心记号线往外 0.3cm 处紧靠拉链边，并以丝针固定后，沿边缘往内 0.1cm 处车缝拉链。

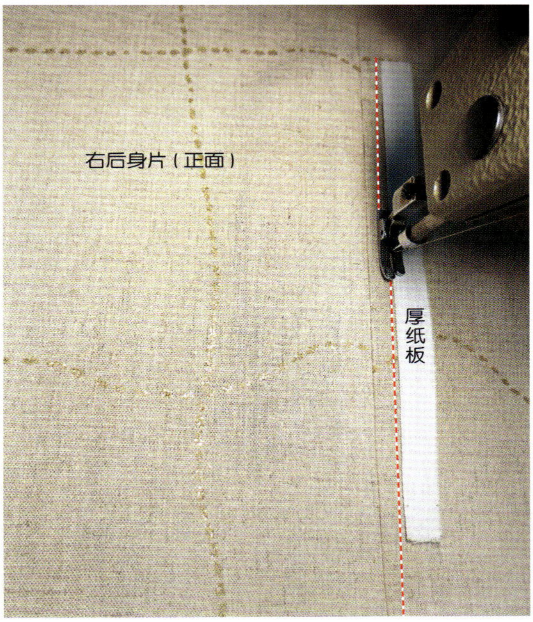

5 如图从右后身片的正面，借用厚纸板，车缝拉链的另一边。

6 将步骤 2 所车缝的大针距缝线拆除，即完成拉链车缝。由图中可看出，左、右后身片的缝份重叠 0.3cm。

【小贴士】

为使拉链车缝平整，可在布上垫一片厚纸板，既可将尺子边作为压缝的标识线，亦可使拉链车缝得更平整。

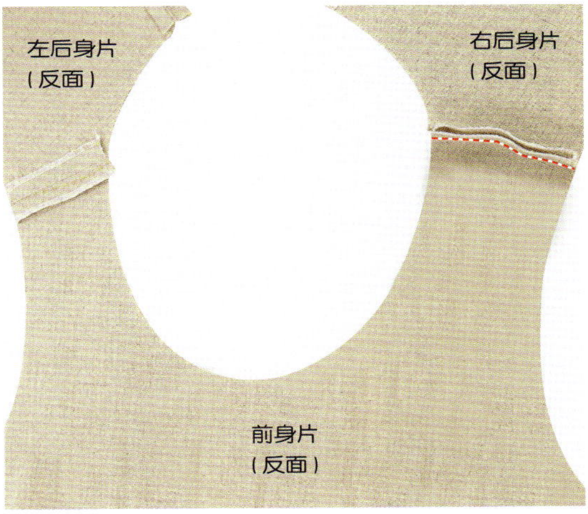

7 将前、后身片的肩线车缝接合，并烫平。

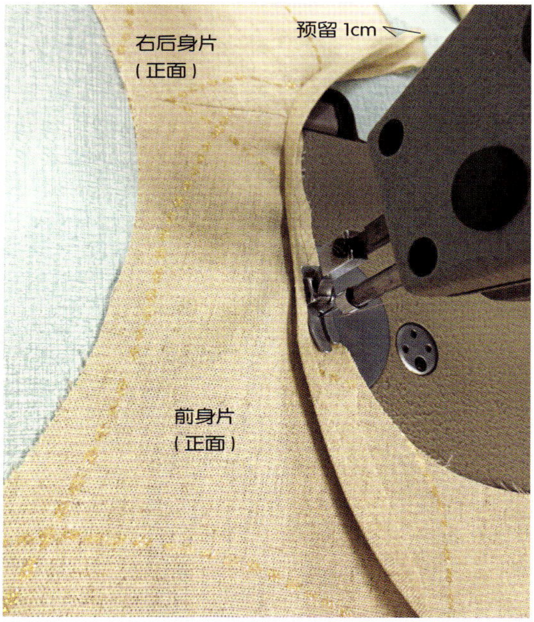

8 将滚边条（滚边条的尺寸与制作方法如下图）从拉链右开口起（预留 1cm），沿着领围线至拉链左开口处（预留 1cm）与领口线对齐，距边缘 0.5cm 车缝。

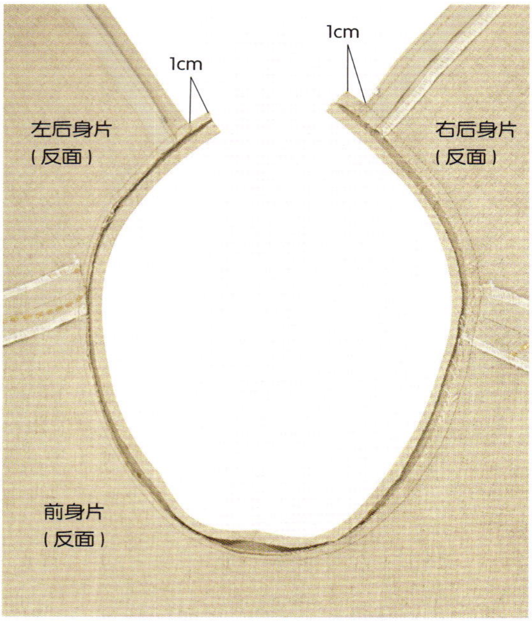

9 再将滚边条往上烫，滚边条没车缝的一边往衣身方向折。

【滚边条的尺寸与制作方法】

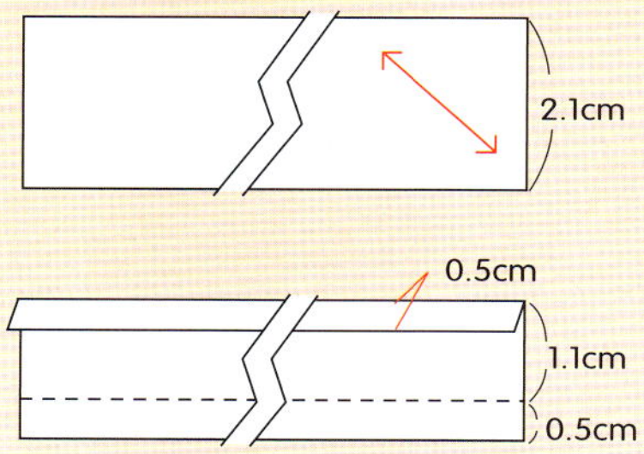

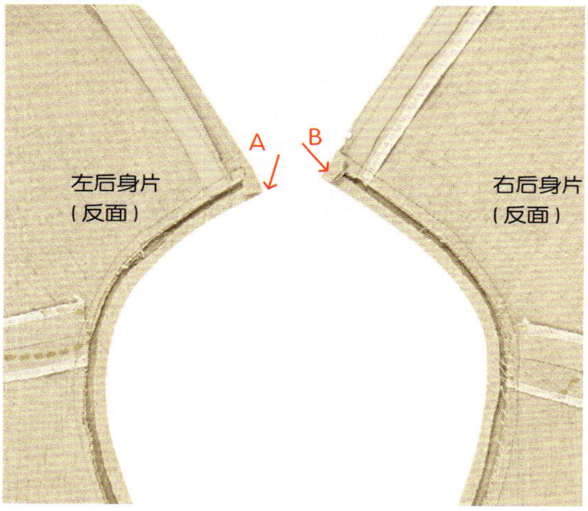

10 将左、右后身片拉链的顶端（步骤 8 预留的 1cm 处）往衣身上翻折（如图 A 与 B 两处）。

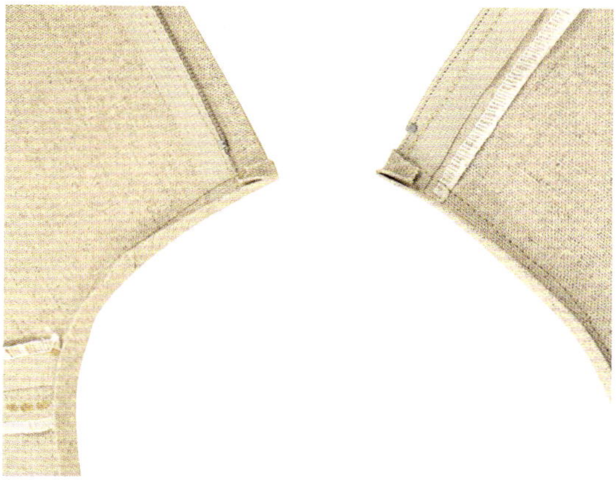

11 如图将滚边条的折双处沿领围线往衣身上翻折。

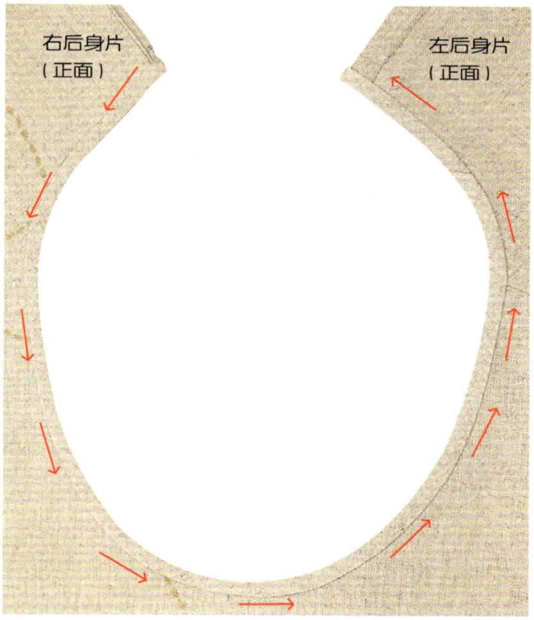

12 沿着滚边条与衣身接缝处，在衣身正面由右后身片领口压缝至左后身片的领口。

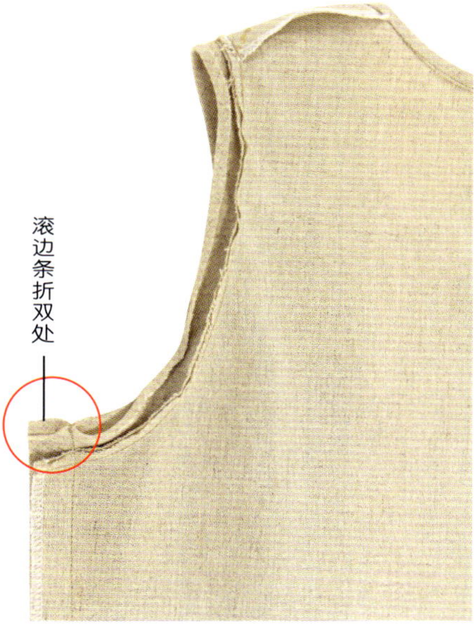

13 袖窿的滚边方式与领口相同，但袖窿腋下接合处，须先将前、后身片接合处的滚边车缝。但车到滚边条时，滚边条的折双处不可打开，直接车缝过去。

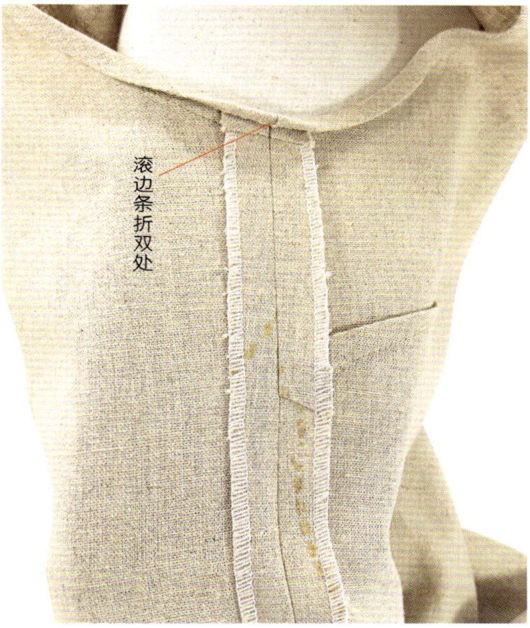

14 **腋下滚边处理法：**如图将胁边缝份烫开。

15 下摆先以缩烫处理（缩烫方法请参考 P.45 步骤 27)，并以两折三层整烫，再由下摆正面压缝 2cm。

16 后领拉链头缝好裙钩的完成图。后左身片缝母钩，后右身片缝子钩。子钩藏于滚边条中。

17 整烫完成。

背心的制作

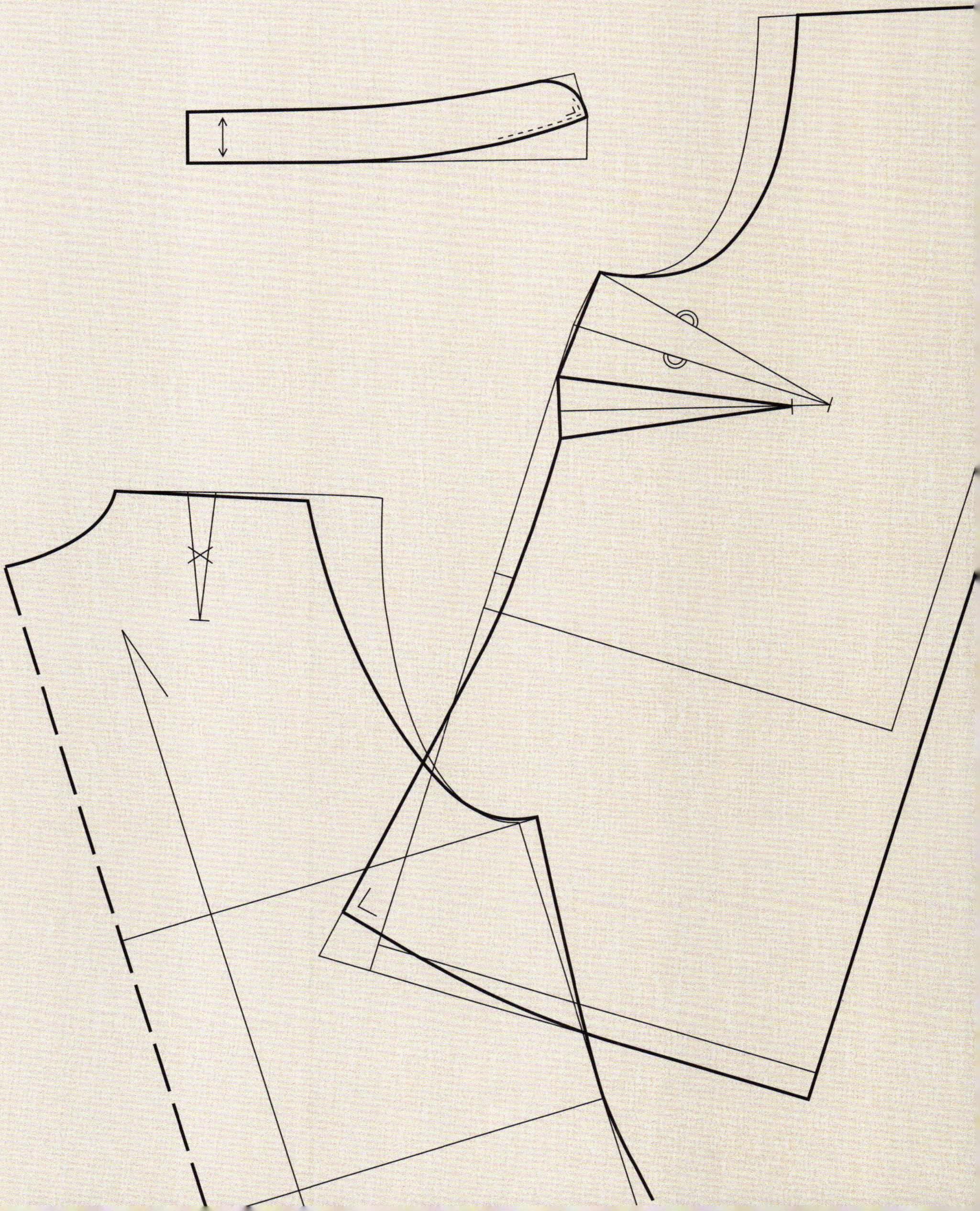

示例 立领背心

此款背心可内搭毛衣、衬衫，有腰身的造型，可作为正装，也可作为休闲装。最适合在春、秋季节作为外搭服装。通过此款背心的制作，缝制者可学习到车缝立领、无袖贴边与手缝扣眼的技巧。

Vest

式样图

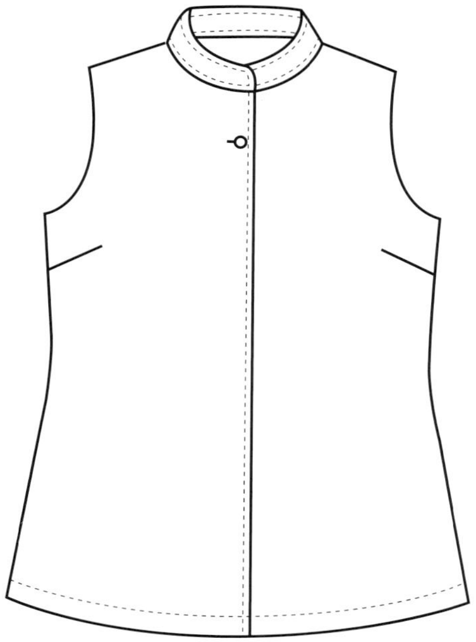

前面

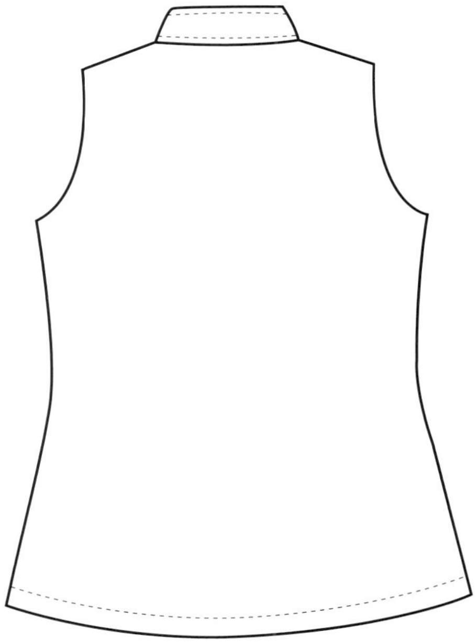

后面

材料表

名称	规格	单位	数量
表布	中厚 T/C 斜纹素面布 幅宽 147cm，长 90cm		
衬布	薄胶衬		
副料	扣子（直径 1.5cm）	个	1

制图

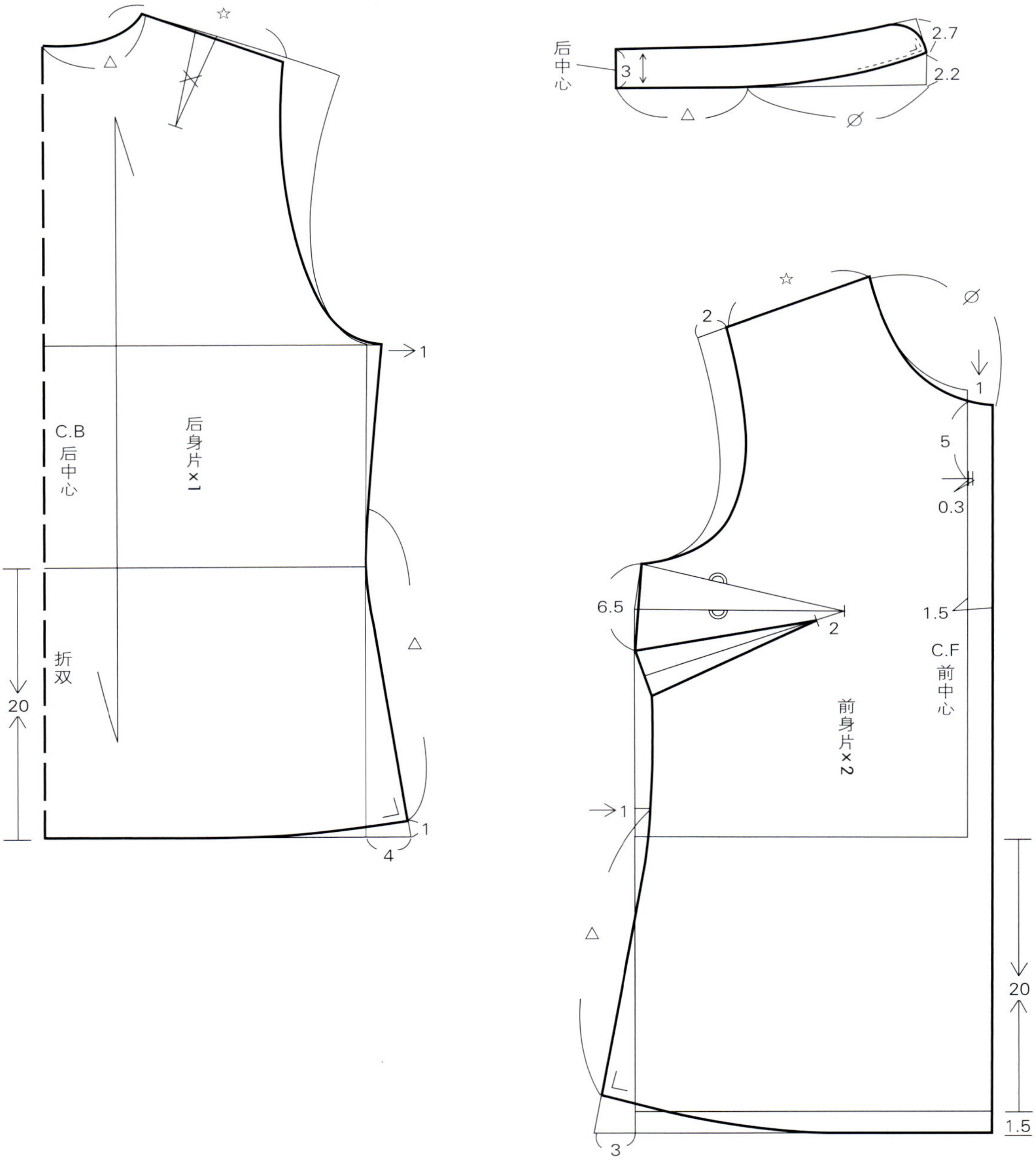

衬布的裁剪

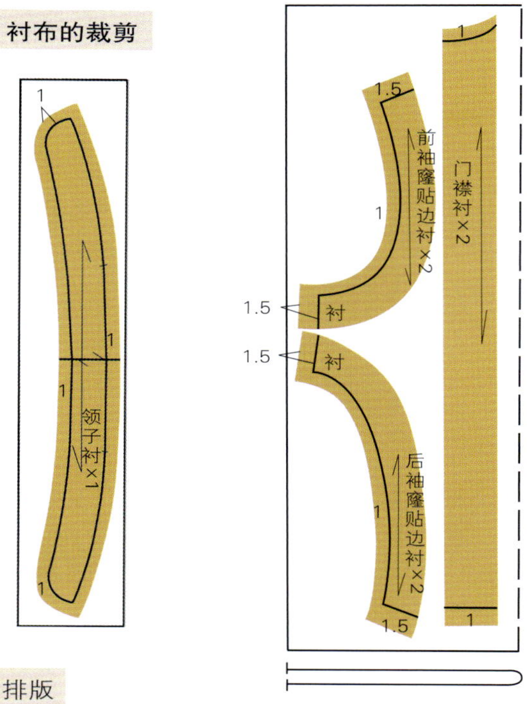
1
1
1
领子衬×1
1
1.5
前袖窿贴边衬×2
1
门襟衬×2
1.5
衬
1.5
衬
后袖窿贴边衬×2
1
1.5
1

排版

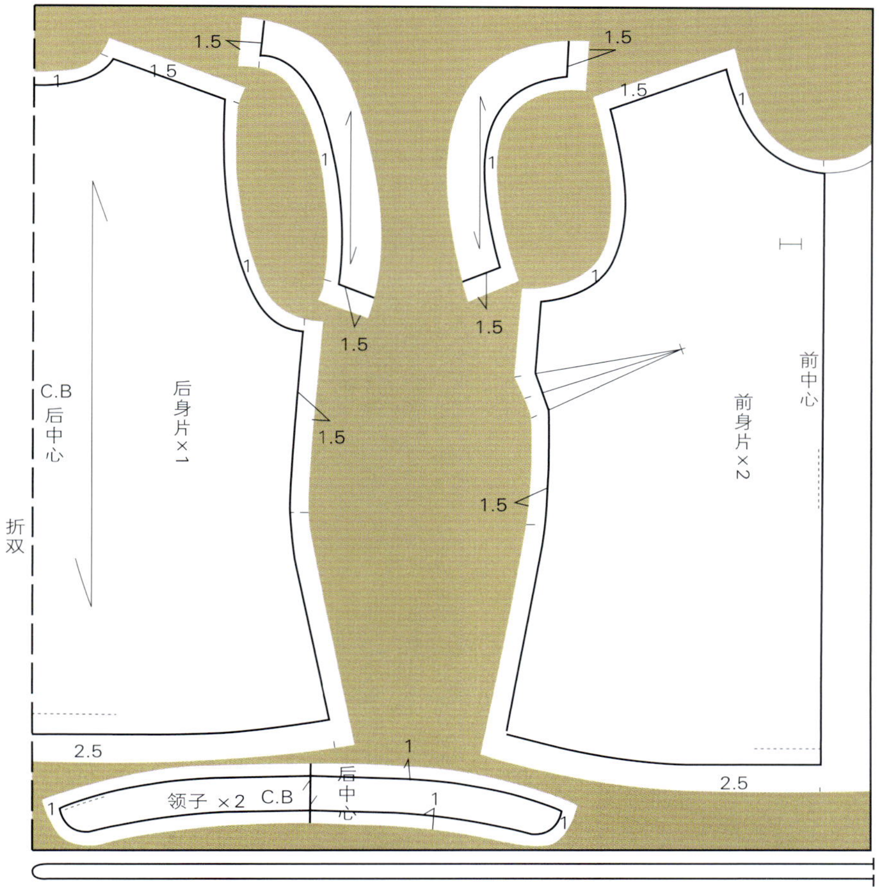
1
1.5
1.5
1.5
1.5
1
1
1
1
1
1
1.5
1.5
C.B
后中心
后身片×1
1.5
前中心
前身片×2
1.5
折双
2.5
1
后中心
领子 ×2
C.B
1
1
1
2.5

制作方法

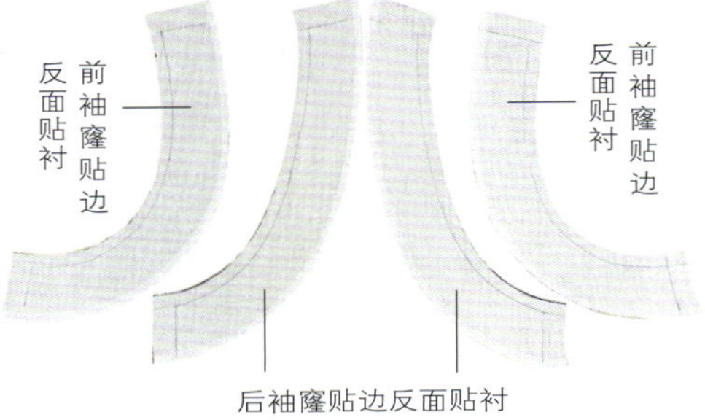

1 前、后袖窿贴边贴衬：肩线、袖窿、胁边皆须留缝份。

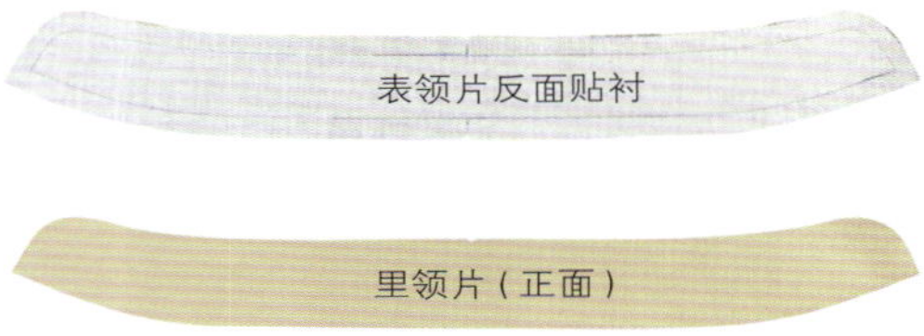

2 如图，表领片的反面要贴衬，外领围与内领围皆须留缝份，里领片无须贴衬。

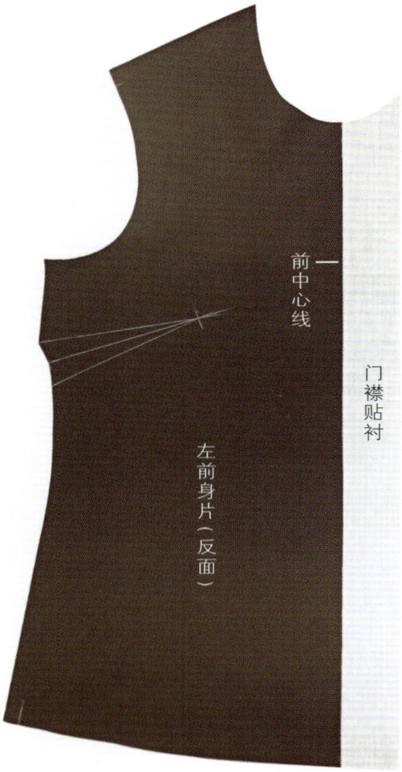

3 如图将左、右前身片的门襟贴衬。

4 胁边、肩线、门襟车布边，车缝左、右前身片的胸褶，并将胸褶往上烫，再将门襟往衣身上折。

★胸褶要烫得圆润、漂亮，须在褶尖处下方垫烫马，且利用烫马圆的一面烫，如此烫出的胸褶尖会显得自然、漂亮。

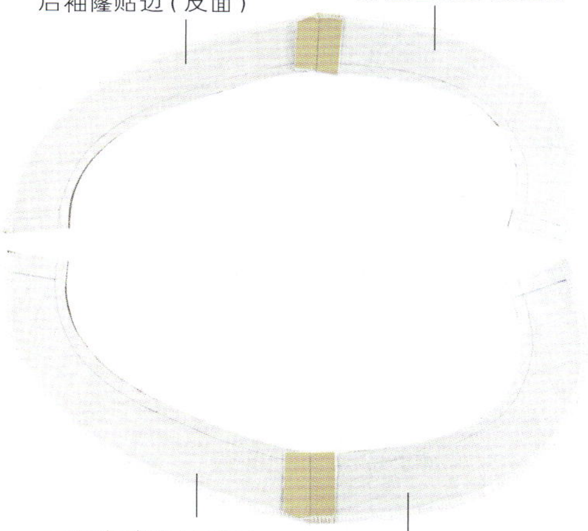

5 车缝前、后袖窿贴边的肩线，并烫开缝份。于前后袖窿贴边的外围线车布边。

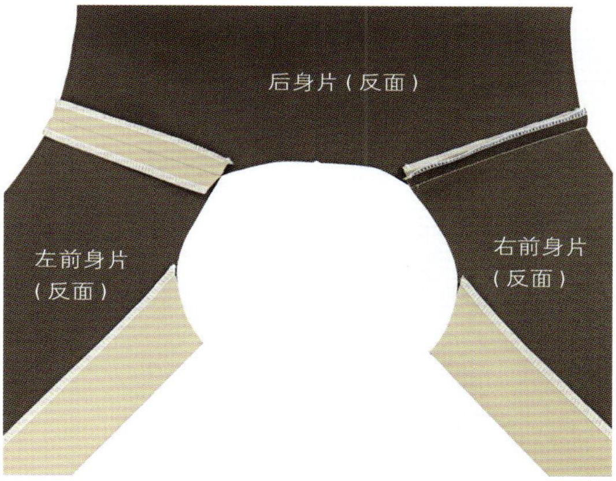

6 车缝前、后身片的肩线，并烫开缝份。

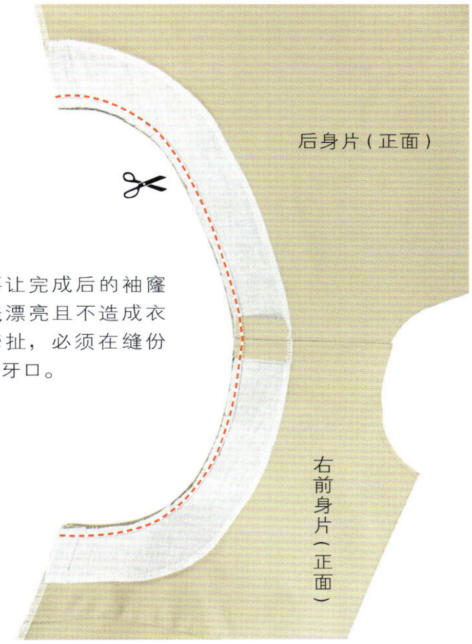

★要让完成后的袖窿弧线漂亮且不造成衣身牵扯，必须在缝份上剪牙口。

7 将衣身摊平，并将已接缝好肩线的袖窿贴边放在衣身的袖窿处，对齐外围线，于车缝记号线外0.1cm处车缝。

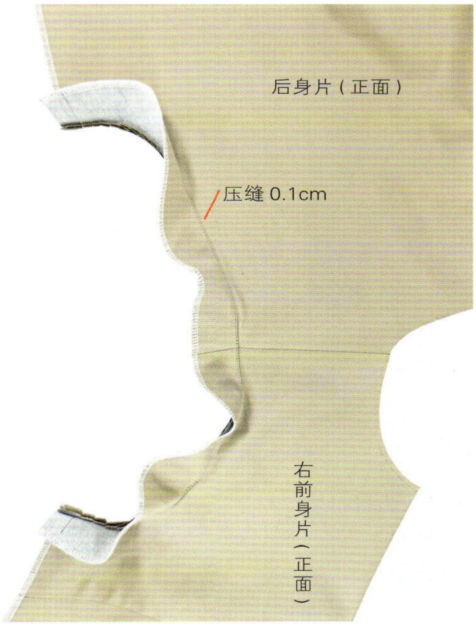

8 如图袖窿贴边倒向袖窿外围，缝份倒向贴边，并在贴边的车缝线内压缝0.1cm。

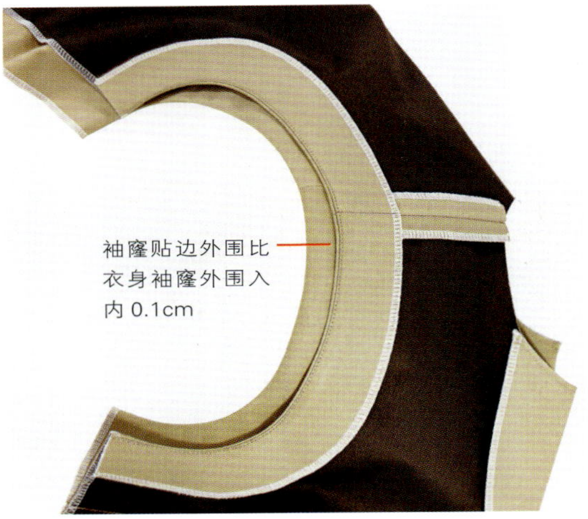

9 整烫袖窿，使袖窿贴边外围比衣身袖窿围入内 0.1cm。

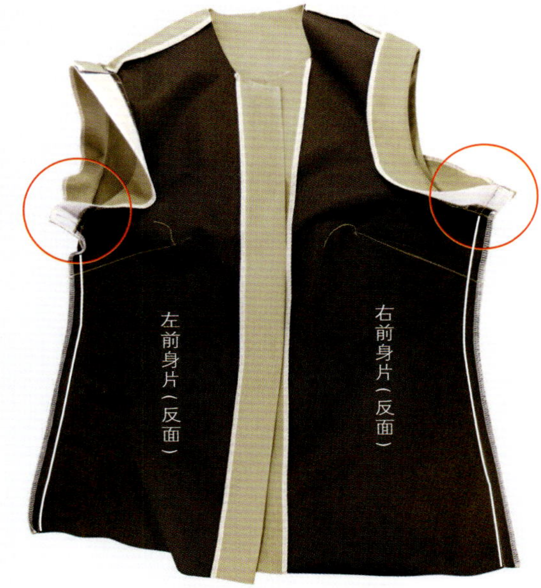

10 将前、后身片胁边依缝份记号线车缝，车缝时要先将腋下缝份往上摊平（如图红圈处）。

11 整烫胁边与袖窿腋下处的缝份。

12 如图先将门襟下摆贴边往前身片的正面折，再依缝份记号车缝门襟下摆处。

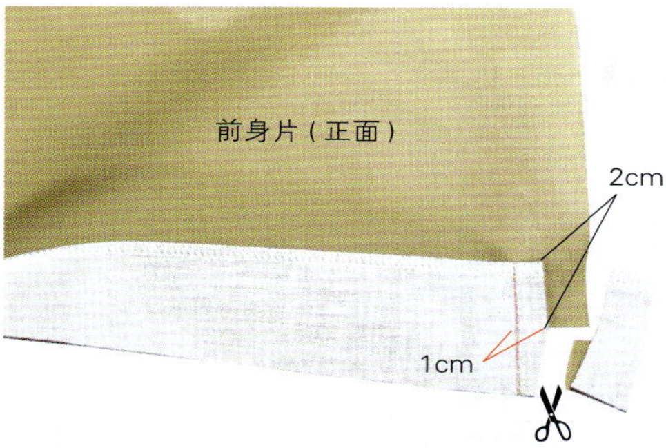

13 按图示尺寸修剪门襟下摆的缝份。

14 将门襟下摆折至正面，并将下摆整烫成两折三层。

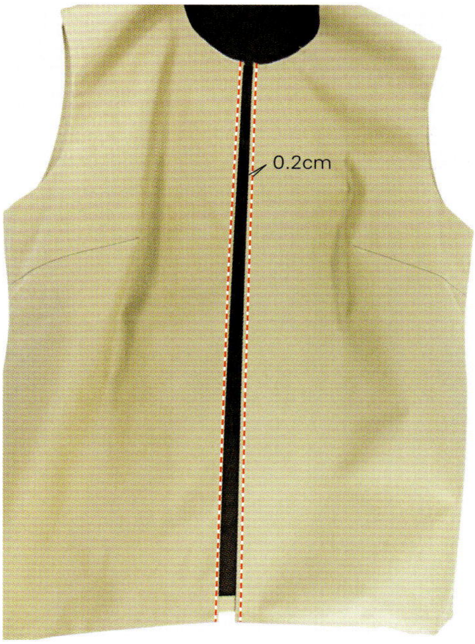

15 由领围处至下摆左门襟临边压缝 0.2cm。

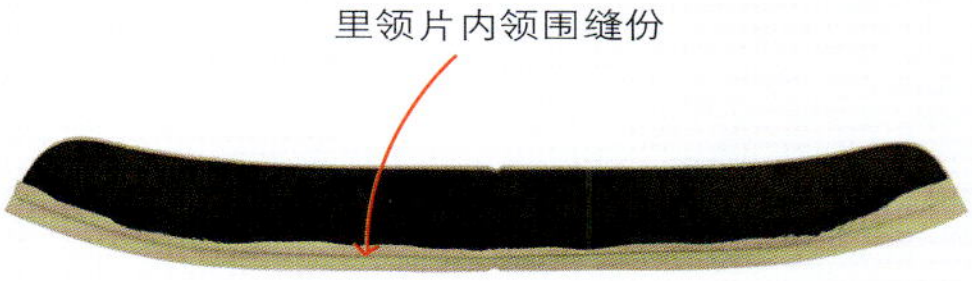

16 如图将里领片内领围缝份往上折烫。

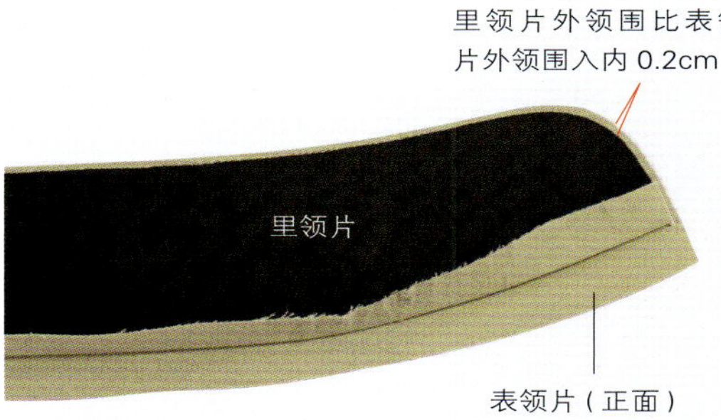

17 如图修剪里领片，使里领片外领围比表领片外领围入内 0.2cm。

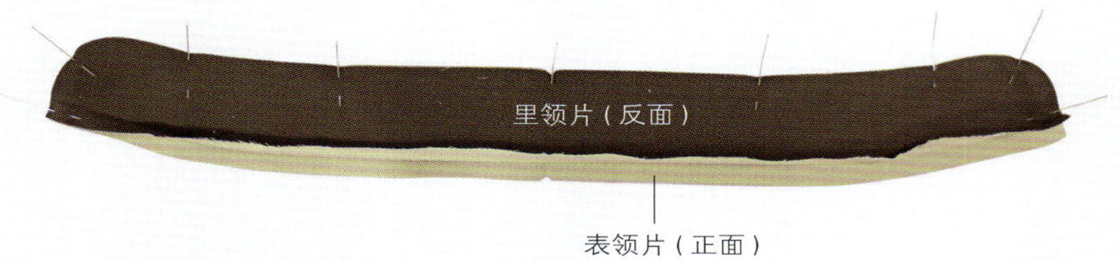

18 表领片在下、里领片在上正面相对，并将表领片与里领片的外领围线以丝针对齐固定。

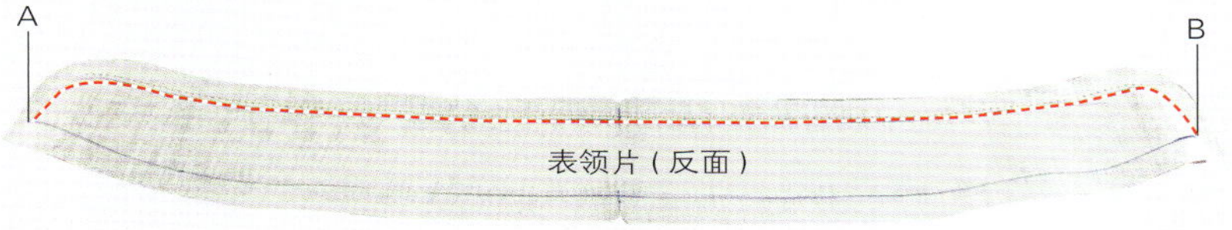

19 如图以距外领围线 0.1cm 为准，由 A 点车缝至 B 点。

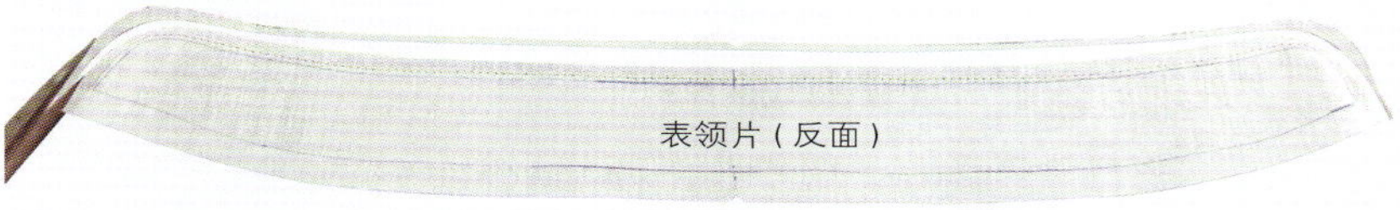

20 将外领围的缝份修剪掉一半。

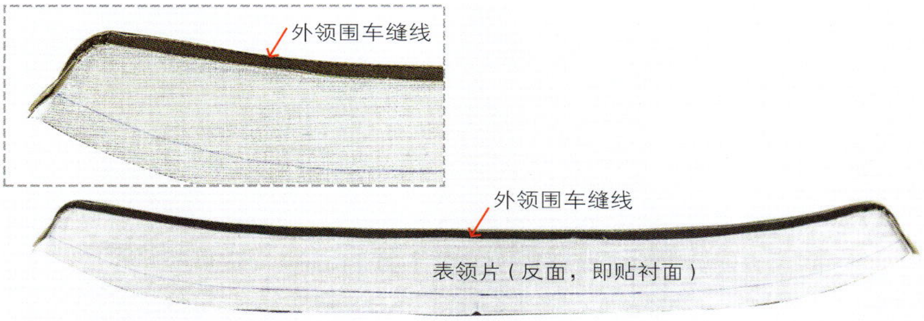

21 表领片反面即贴衬面朝上，折烫外领围车缝线。

22 领片翻到正面，整烫完成，使里领片外领围比表领片外领围入内 0.2cm。

【小贴士】

领子要想做得正，领子与衣身两侧肩点一定要对齐。

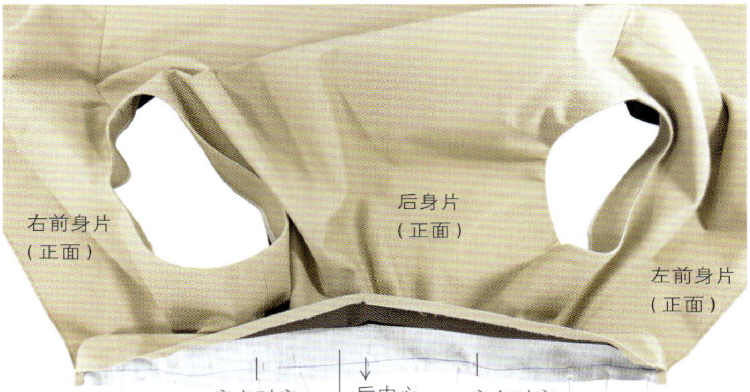

23 先将表领片的内领围缝份对齐衣身领围缝份，再依领围缝份记号车缝。

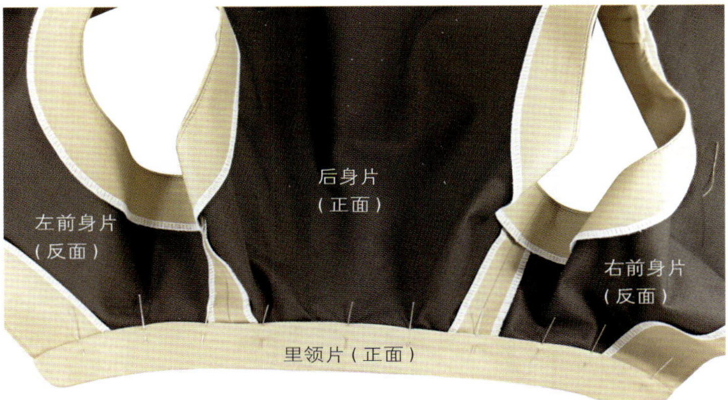

24 接着将里领围的缝份烫向领子，再将里领片往衣身盖下，并以丝针固定。

25 领子内领围与外领围分别整好，由正面压缝0.2cm。

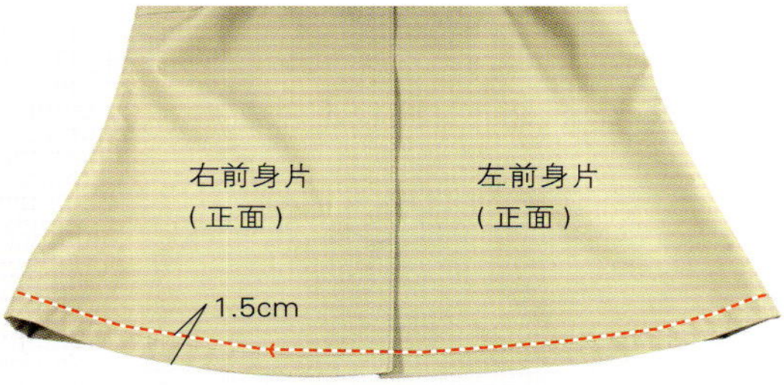

26 由右门襟边缘开始，经过下摆一圈至左门襟边缘压缝，缝线距完成线 1.5cm。

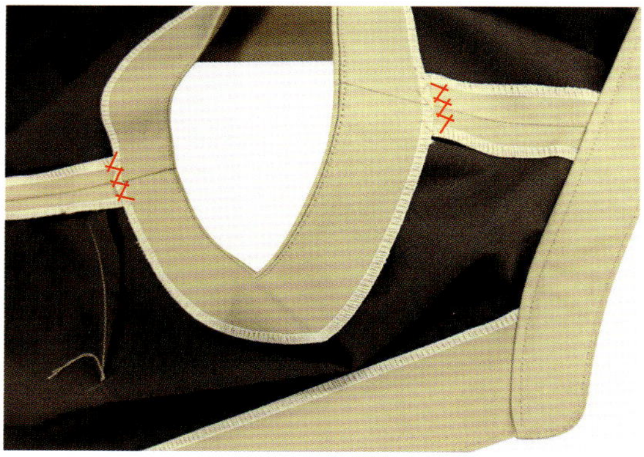

27 袖窿贴边的肩膀处与腋下处皆要以千鸟缝固定。

28 缝制扣眼（请参考 P.99），缝好扣子并整烫完成。

◆扣眼与扣子缝法

本单元所介绍的缝制法，包含手作开扣眼、缝扣眼和缝扣子的方法。虽然现代家庭式缝纫机均有便利的开扣眼功能，但制作前还是要先确定扣眼的正确位置，而且最好还是能学会手缝扣眼的方法，以便在手边没有功能强大的缝纫机时运用。

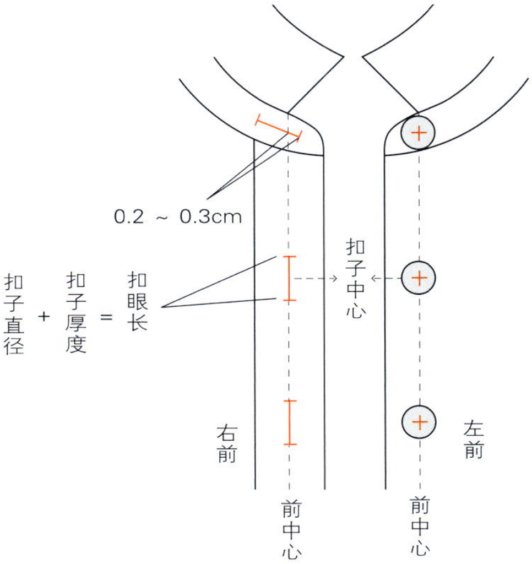

•纵开衬衫扣眼

扣眼位置记号做法

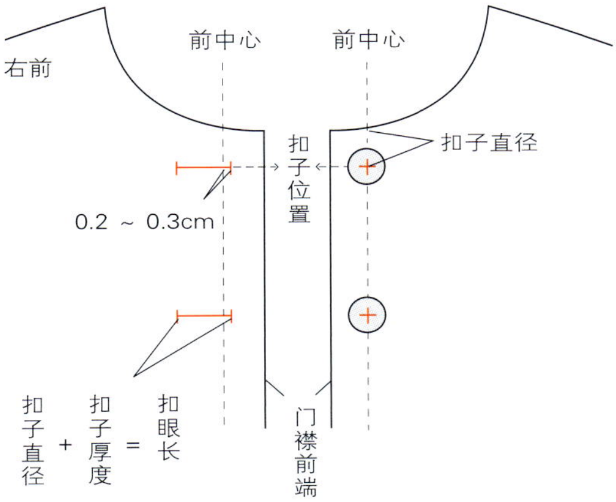

•横开扣眼

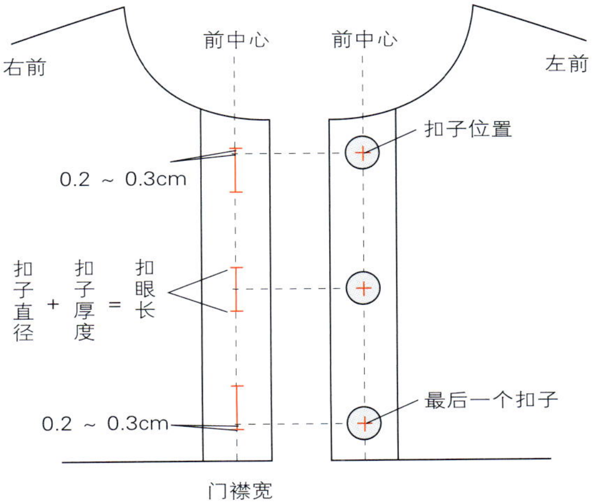

•纵开扣眼

平眼扣眼开法

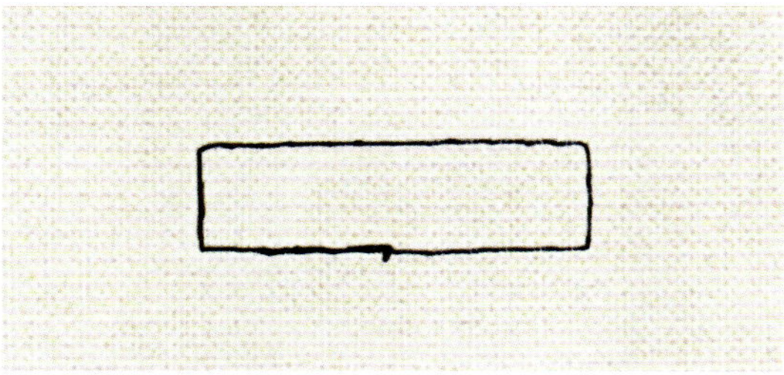

1 先在扣眼的位置车缝扣眼的边缘，接着在后面中心位置上涂上胶水，由背后烫干（涂胶水是为了好缝，且完成后较美观）。

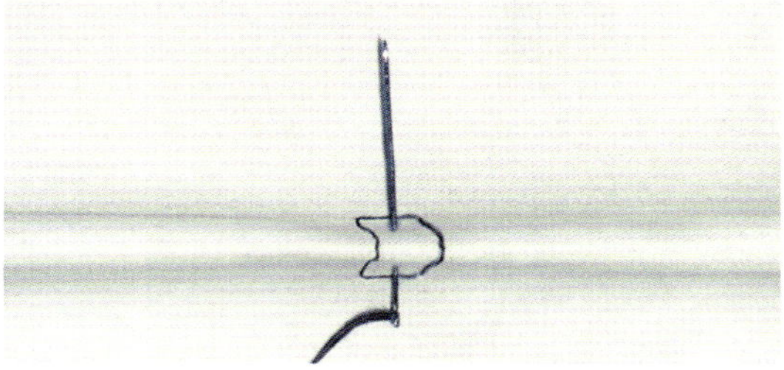

2 针穿过扣眼一端的中心，再穿到另一端的中心，并将布叠合在一起。

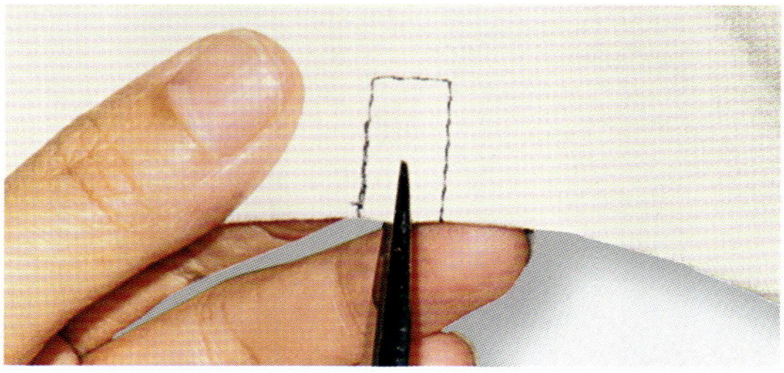

3 如图，剪刀口对准步骤 2 穿针处，将扣眼中心剪开，到接近扣眼两端车缝线为止。

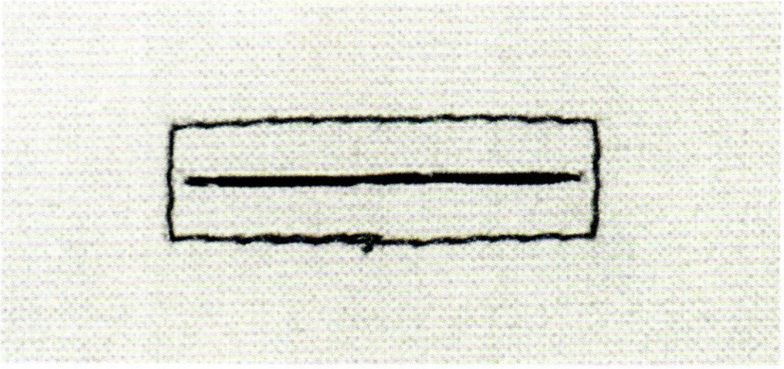

4 中间可剪去 0.1cm 宽的扣眼布，如此再手缝完成扣眼，会较为平整美观。

凤眼扣眼开法

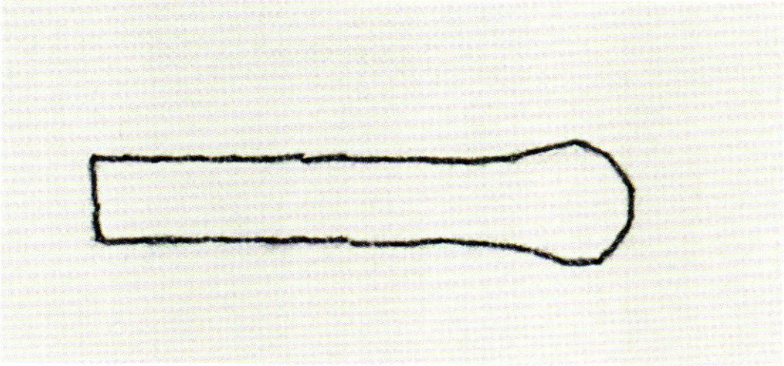

1 按照横开扣眼方法车缝扣眼的边缘并涂上胶水。

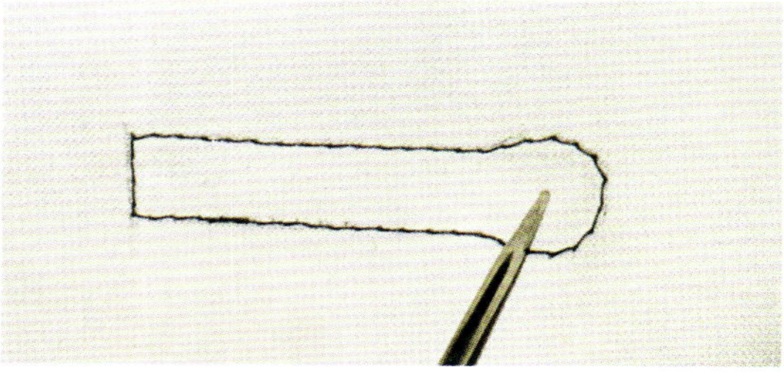

2 在圆头的中心点用锥子扎孔，孔可大一点。

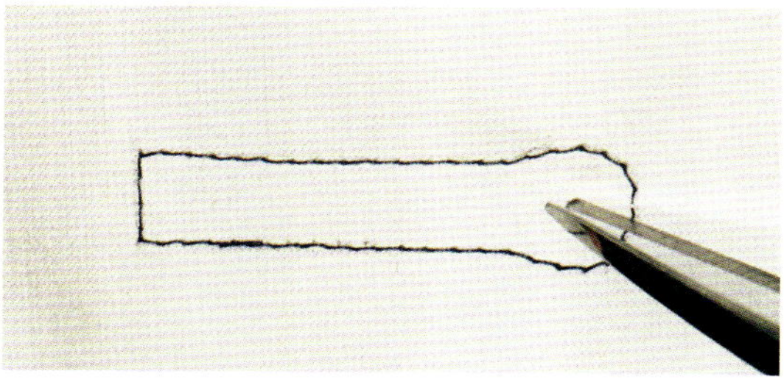

3 再将剪刀尖端插入圆头中心点，由圆头处开始剪至另一端接近车缝线处。

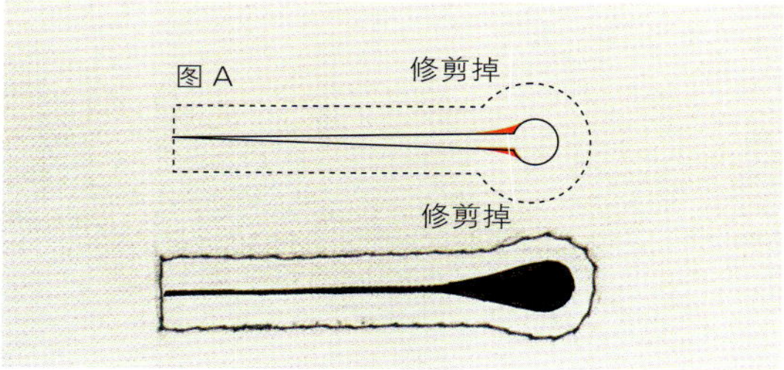

4 将圆头中心点处剪成一个孔（比原来的孔大些），并如图 A 修剪圆孔左边“＜”形空隙。

扣眼手缝法

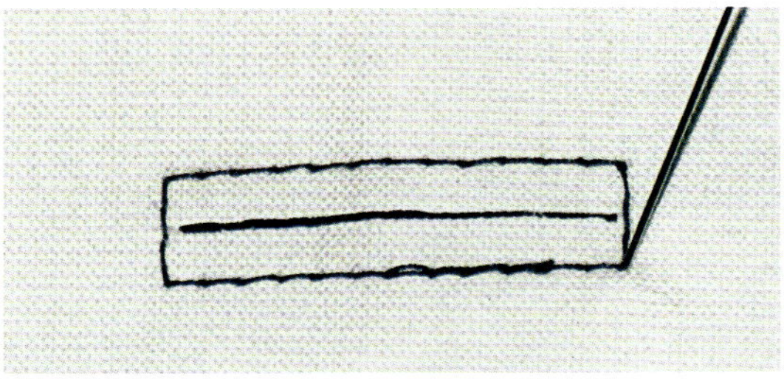

1 针由布的反面穿出正面，但反面的线要留一截不打结，且在继续往下缝时，可将预留的一截线包缝在缝线内，请参考步骤 4。

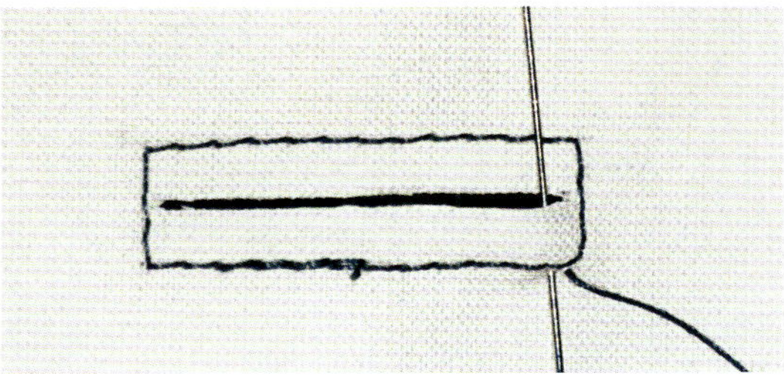

2 将针由正面穿入反面，再如图由扣眼中心穿出。

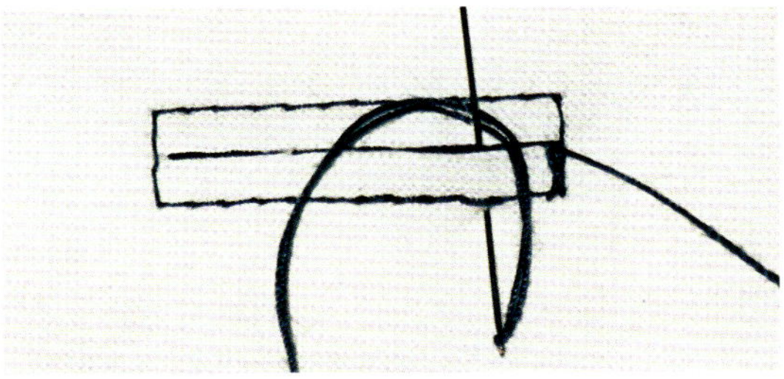

3 将针孔后的线由右侧经过针的下面绕向左边，再将针向扣眼中心拉（此处第一针与第二针相距较远，主要是为让读者看清楚线的绕法）。

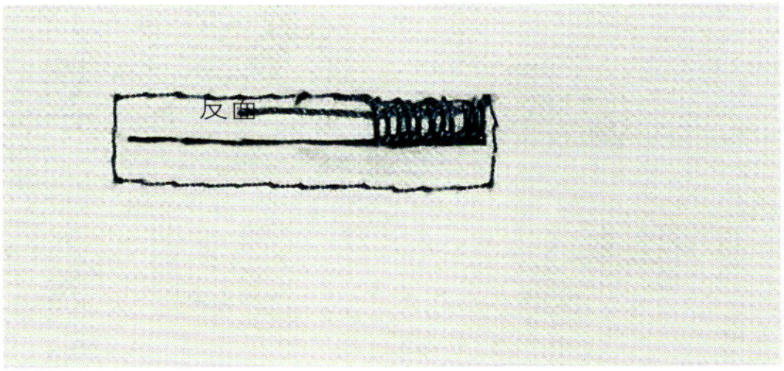

4 此为第一针起针时在扣眼反面所留的一截线被包于缝线中的样子。

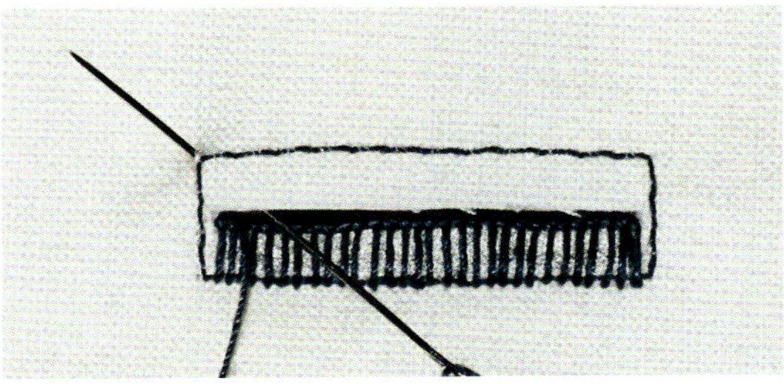

5 接着以相同的针法由右往左缝。当缝到最后一针时，再如图由扣眼的中心穿出另一角，开缝“#”字的第一点（可参见 P.104 右上角图示）。

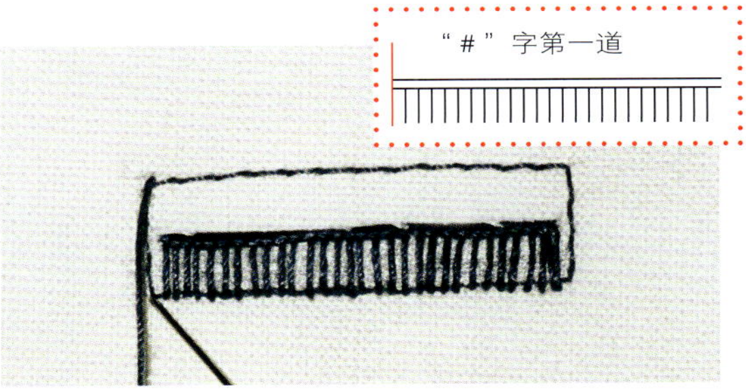

6 如图将针由下端穿入，此步骤完成“#”字第一道。

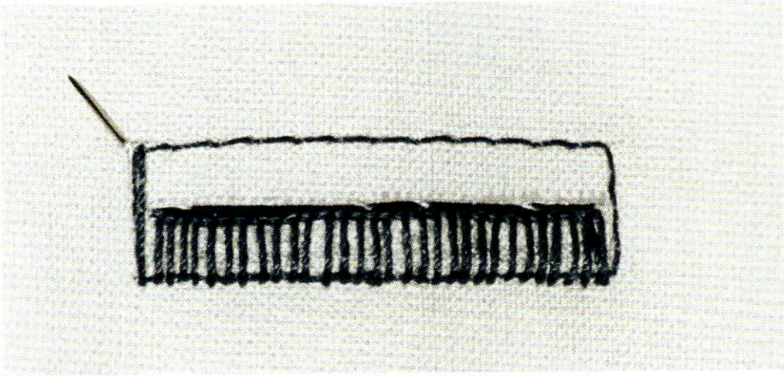

7 再如图将针由上端穿出，此步骤成为“#”字第二道起点。

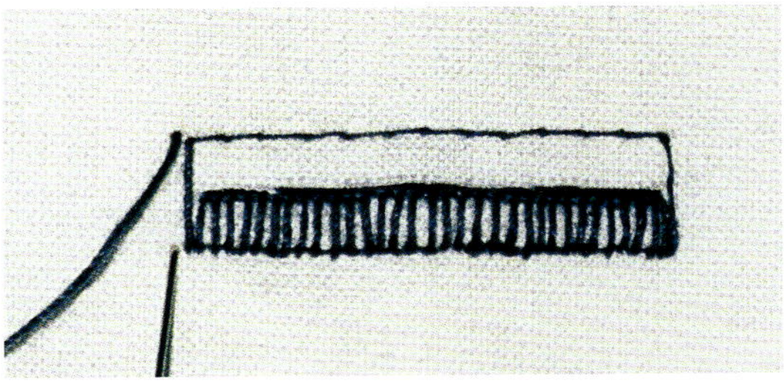

8 接着如图将针从下端穿下，此步骤完成“#”字第二道。

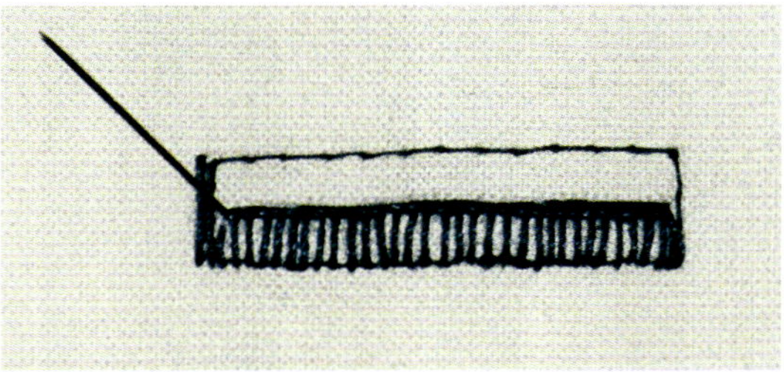

9 如图将针从已缝好的扣眼一边的最后一针扣结穿出。

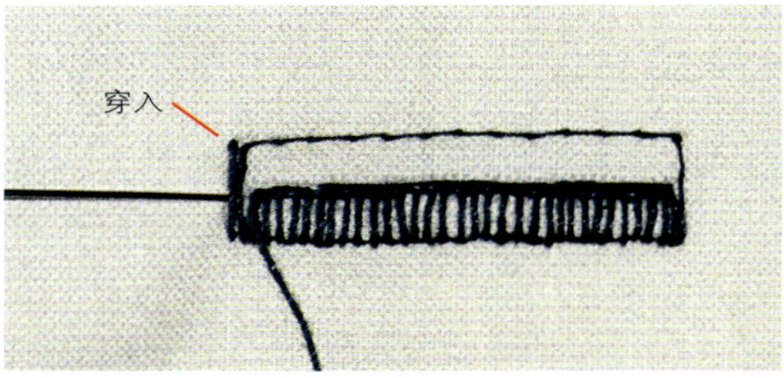

10 再将针从“#”字纵线的另一边穿入，此为“#”字横向第一道。

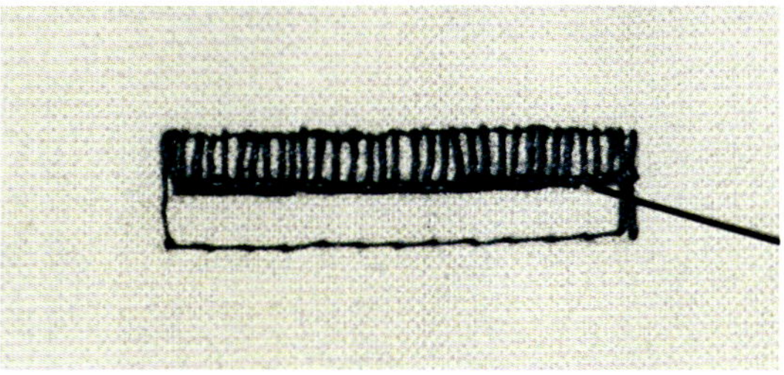

11 将扣眼颠倒一下，接着将针由扣眼的中心穿出。

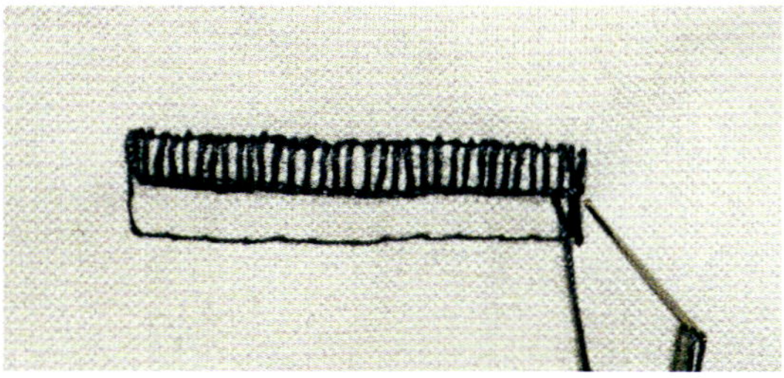

12 如图再将针穿入“#”字纵线的另一端，完成“#”字横向第二道，使扣眼的一端形成“#”字。

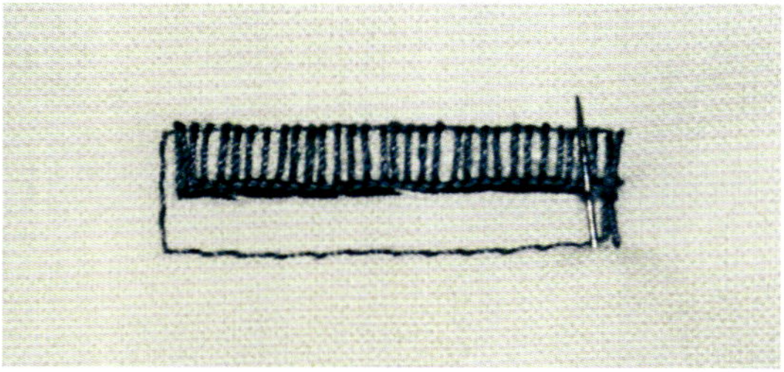

13 如图将针由布面穿出，再穿过“#”字的最后一道线（横线）。

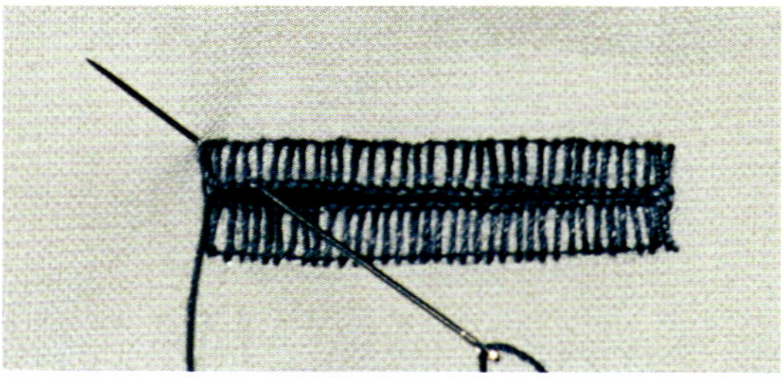

14 接下来的缝法与前面相同，继续由右往左缝，缝到与下边的线迹等齐时，针再由扣眼的中心穿出另一角。

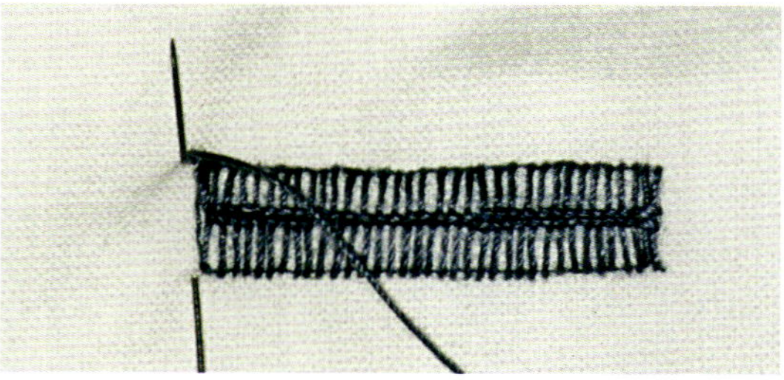

15 将针从下端穿入，从上端穿出，完成“#”字的第一道。

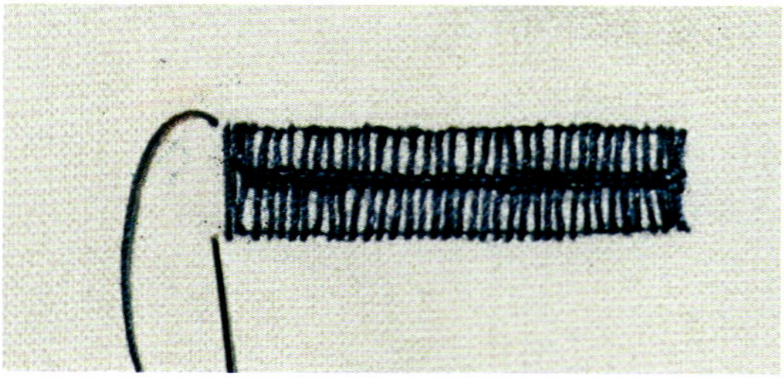

16 将针穿入下端，完成“#”字的第二道纵线。

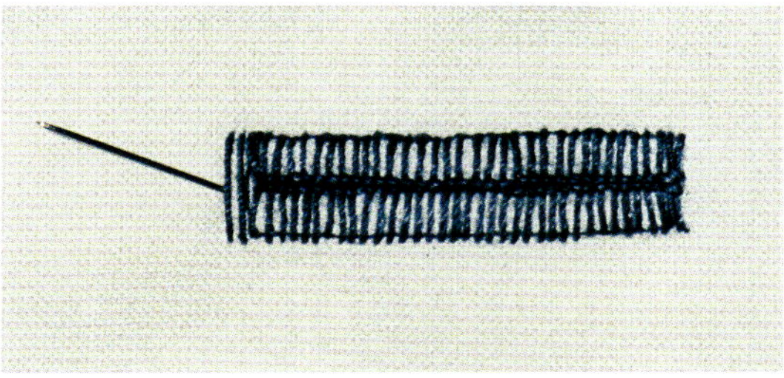

17 针在布的下面，由下往上穿出。

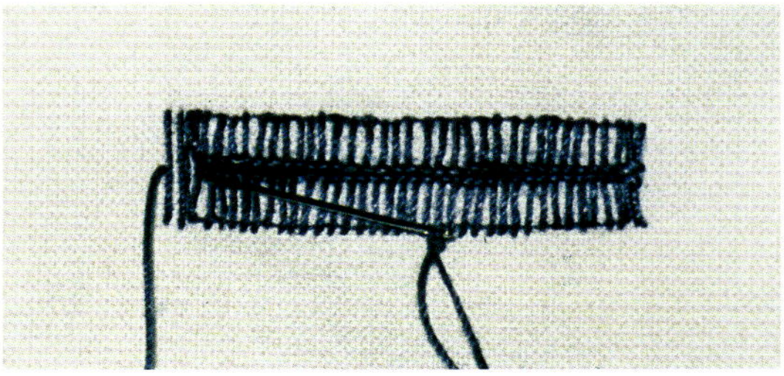

18 针穿入扣眼一边已缝好的最后一针，仿如写“#”字横向的第一道。

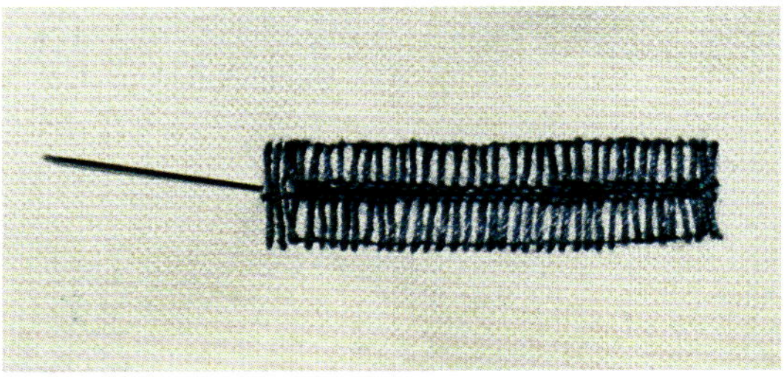

19 将针由下往上穿出，即要开始缝“#”字横向第二道。

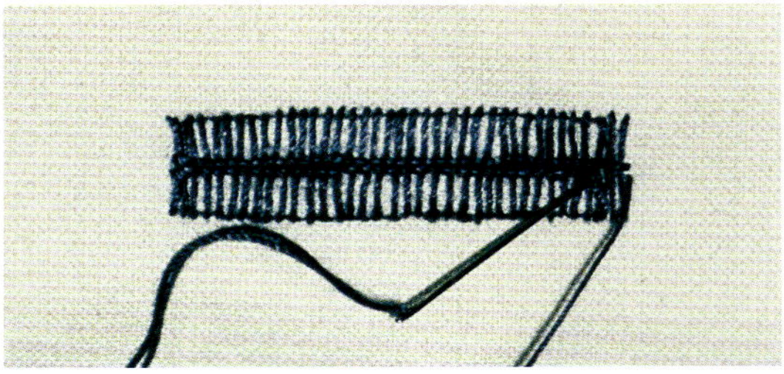

20 将扣眼颠倒一下，针穿入另一边已缝好的最后一针，完成“#”字横向的第二道。

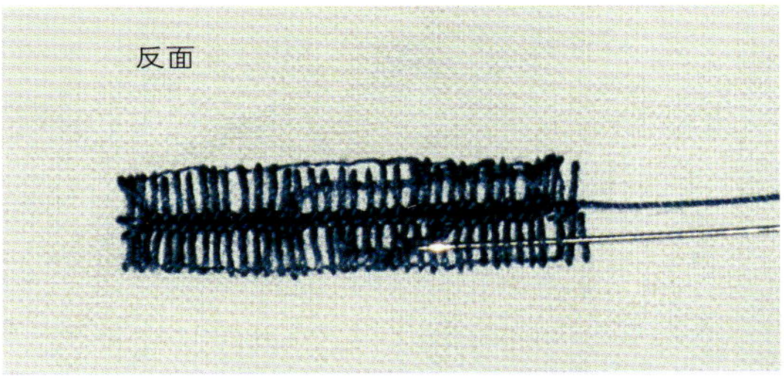

21 当正面扣眼针脚全部缝完时，先把布翻到反面，再将针如图由已缝好的针脚穿入。

22 以回针方式穿入 2 ～ 3 次。

23 平眼扣眼完成图。

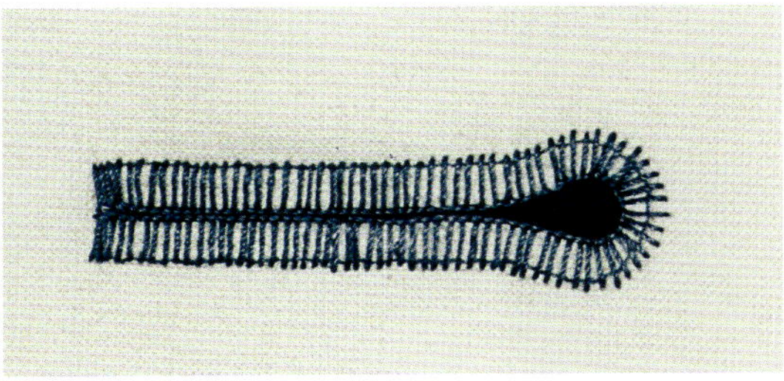

24 凤眼扣眼完成图。

【附注事项】

1. 以上手缝的扣眼，因为示范所需，为使读者能观看清楚，所以图示尺寸比实际尺寸大，在缝的密度上亦较为稀疏，而实际上要缝得密些。

2. 一般制作衣服所使用的车缝线颜色应与衣服相同，但此书中所示范的作品，为使读者观看明白，特意以不同于衣身颜色的线来缝制。

3. 手缝平眼或凤眼扣眼时，其起针的方式皆相同，结束时缝“#”字的方法亦相同，此处以平眼扣眼来示范，最后展示出凤眼扣眼的完成图 (P.103 步骤 24)。

4. “ # ” 字的缝法如右图。

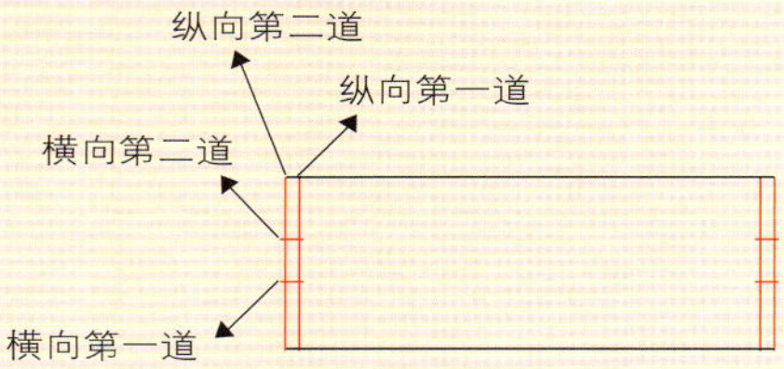

扣子缝法

1 针先由布料正面缝到反面，使线结置于布的正面，接着将扣子置于布面，针由反面往正面缝，并将针穿出扣孔，再穿入另一扣孔（四个孔的穿法皆同）。

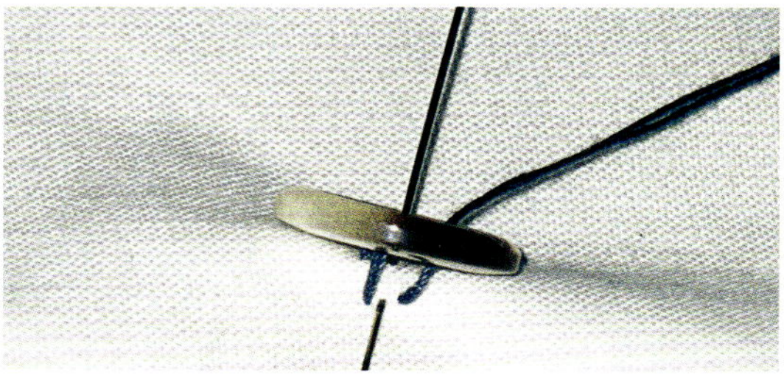

2 缝前面两个扣孔时，须考虑扣子的扣脚长度（由门襟的厚度而决定）。

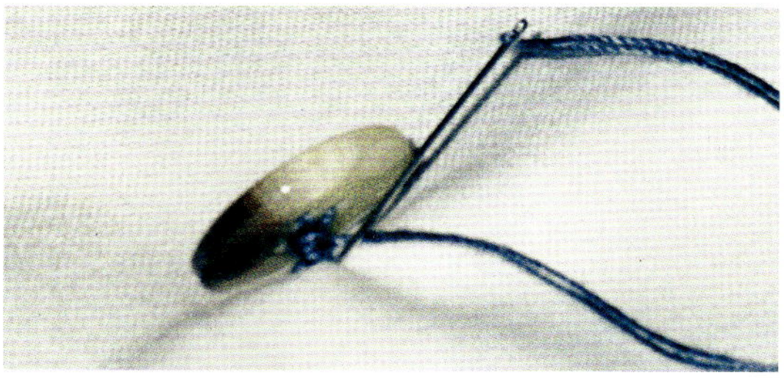

3 将针在扣孔位置来回缝至少 2 次，接着将针由反面穿向正面，由扣脚的上端往下绕到下端，并将针往下（反面）穿入。

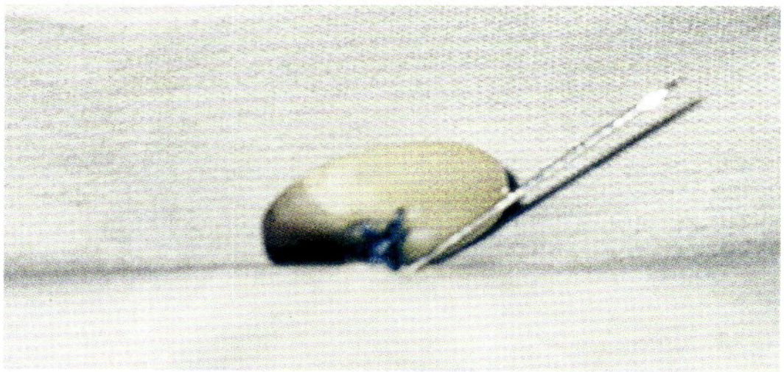

4 最后于布的反面打结，再将针穿回正面扣脚处，由正面剪断线即完成。

【扣子的三种缝法】

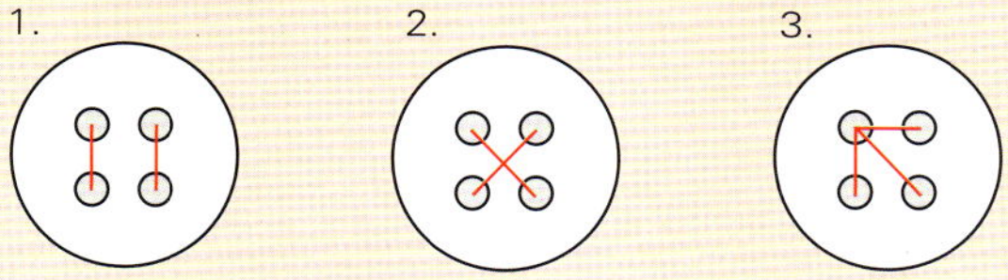